Family nutrition

家庭营养主食1688例

大号字体 方便阅读

高清版

策划·编写  犀文图书

浙江出版联合集团
浙江科学技术出版社

P 前 言
reface

　　中华传统饮食文化源远流长，不仅融色、香、味为一体，而且造型精美。时移世易，中华饮食文化还不断加入创新元素，将营养、美味与健康调配得和谐统一。如今中华美食不仅花样繁多，而且操作简便。因此我们隆重推出了这一套字体清晰、图文并茂，特别适合中老年人阅读的高清版家常营养食谱。同时，作为一份感情的传递与责任的担当，科学、合理、健康的饮食不仅可以是长辈们关爱的一种表现，也可以是"煮"角们对长辈、家人的一份心意。希望我们这个系列的菜谱能够帮助每一位"煮"角成为健康饮食的美味高手。

　　这套菜谱以家常菜为主导，包括《孕产期营养食谱1688例》、《婴幼儿营养食谱1688例》、《地方特色菜1688例》、《一学就会家常菜1688例》、《家庭营养甜品1688例》、《家庭健康药膳1688例》、《快手学厨艺1688例》、《妈咪私房菜1688例》、《家庭营养主食1688例》、《家庭营养点心1688例》、《家庭营养素菜1688例》、《家庭营养糖水1688例》、《名菜家做1688例》、《家庭营养粥1688例》、《家庭营养汤1688例》、《家庭营养荤菜1688例》、《四季营养餐1688例》、《女人生理调养食谱1688例》、《蒸炒炖煮烧卤熏1688例》和《五脏营养调理食谱1688例》，共20本，涵盖了东西南北的风味，传统与创新的搭配，既是家常菜，又不失美味的特色和有利于健康。

　　本书以家庭主食为主题，按照人们日常的习惯分为：米饭类、粥类、面粉类、糕点类。本书从营养的角度出发，告诉大家一个普通但却是十分重要的道理，那就是：主食要吃出美味，更要吃出营养和健康。全书朴实无华，简单易学，从每一道菜式的主、辅料选材，制作过程到营养功效，都做了比较详尽的说明，并配有小贴士，还有与家庭主食密切相关的若干知识点，非常适合家庭主厨参考使用。

C 目 录
Contents

糕点类 GAODIAN

米饭类

红米八宝饭

主料： 红米 150 克，薏米 50 克。

辅料： 赤豆、绿豆、黑豆、腰豆、花生、眉豆、葱、盐各适量。

制作方法

1. 将红米、薏米和辅料中的豆洗净。

2. 将红米、薏米和辅料中的豆拌入盐，加水放压力锅煮约 10 分钟。

3. 揭开锅后，撒上葱花拌匀即可。

【营养功效】红米滋阴补肾、明目补血。

小贴士

如果嫌凑齐这么多的豆麻烦，可以直接买超市配好的"八宝粥"料包。

奶香红枣饭

主料： 鲜牛奶 1 杯，红枣 30 克，糯米 200 克，枸杞子 10 克。

辅料： 糖、炼乳、猪油各适量。

制作方法

1. 红枣泡软去核；枸杞子用温水泡发回软；糯米用清水淘洗净，泡 6 小时。

2. 盆内抹上猪油，放入红枣、枸杞子和泡好的糯米，加入鲜牛奶、糖、炼乳、猪油，上笼蒸约 1 小时。

3. 取出，扣入盘中即可。

【营养功效】红枣营养丰富，含维生素品种多，具有补益脾胃、养血安神等功效。

小贴士

做饭时，不锈钢盆导热快，可抹猪油不但可以提香，而且出锅扣盘时不粘连。

海南椰子饭

制作方法

1. 糯米洗净浸泡好，香菇洗净切粒，腊肠切丁，椰子锯开成盅形，椰汁倒碗中待用。

2. 将虾米、虾仁、香菇粒、腊肠丁下入油锅煸炒出香味，加盐、味精炒匀待用。

3. 将糯米加椰汁倒入锯开的椰壳中，上笼蒸至饭九成熟。再将炒好的虾仁、虾米、香菇粒、腊肠丁倒入锯开的椰壳中，加盖，上笼蒸约2分钟，撒上葱末即可。

【营养功效】 椰汁有很好的清凉消暑、生津止渴的功效。

小贴士

步骤3是将浸泡好的糯米和椰汁倒入锯开的椰壳中，加盖，上笼蒸2.5小时即可。

主料：糯米200克,椰子1个,虾仁、虾米、香菇、腊肠各100克。

辅料：盐、味精、熟食用油、葱各适量。

虾仁炒饭

制作方法

1. 虾仁剔去黑肠，冲净；火腿、洋葱、胡萝卜切；葱切末；蛋拌匀。

2. 青豆及胡萝卜丁氽水，沥干，备用。

3. 先把虾仁炒熟，取出。入蛋液略炒，随即加入米饭翻炒匀，拌入所需食料一起炒匀即可。

【营养功效】 鸡蛋含有的蛋白质具有补阴益血、健脾和胃、清热解毒、养心安神、固肾添精之功效。

小贴士

炒饭宜用冷饭或隔夜饭，这样，炒好的饭才会颗粒顺爽香滑。

主料：米饭1碗，鸡蛋1个，虾仁80克，火腿80克。

辅料：洋葱、青豆、胡萝卜、葱各适量。

黄鳝饭

主料： 大米 100 克，黄鳝 50 克。

辅料： 青椒、姜、葱、食用油、酱油各适量。

1. 先将黄鳝处理干净，然后切片，加入姜汁、食用油拌匀；青椒、姜分别切成片，葱切花。

2. 大米洗净，放入煲中，加水煲煮。

3. 饭煮至水分将干时，放黄鳝、姜片、葱花、青椒片于饭面，收火 15 ~ 20 分钟，淋上熟食用油、酱油即可。

【营养功效】黄鳝具有补气养血、健脾益肾、益气固膜、除淤祛湿之功效。

小贴士

还可用齐米法，先洗净活黄鳝，把米下入瓦煲内煮沸后，将黄鳝剪掉尾尖，迅速放入锅内盖好，煮熟后，加调味品即成。

口蘑菜心炒饭

主料： 口蘑 75 克，菜心 50 克，鸡蛋 1 个，米饭 1 碗。

辅料： 食用油、盐、葱、姜、味精、胡椒粉各适量。

1. 口蘑一切四瓣，汆烫透，捞出沥净水分；菜心去叶取梗切成粒。

2. 鸡蛋打入碗中，搅成蛋液备用；炒锅上火烧热，下底油，放入蛋液炒至定浆，加入葱末姜末爆香。

3. 下口蘑、米饭翻炒片刻，加盐、味精、胡椒粉撒入菜心粒，炒拌均匀即可。

【营养功效】口蘑具有排毒、去燥、降低胆固醇含量的作用。

小贴士

口蘑因多为罐头装置，使用时须洗净经汆水处理，才可彻底去除防腐剂。

墨鱼仔包饭

制作方法

1. 洋葱、红椒洗净切丁。

2. 上述食料同米饭一起放盐、食用油拌匀待用。

3. 墨鱼仔与葱、姜、盐、醋、料酒拌匀，腌渍 10 分钟。再将拌好的食料填进墨鱼仔腹中，上锅蒸熟即可。

【营养功效】洋葱有温肺化痰、解毒杀虫之功效。

小贴士

米饭里的配料可自行搭配，但最好别少了洋葱，它是用来给墨鱼仔去腥的。

主料： 米饭 1 碗，墨鱼仔 7 只，洋葱、红椒各 20 克。

辅料： 盐、食用油、醋、料酒、葱、姜各适量。

黑胡椒猪肉饭

制作方法

1. 将猪肉切片，与酱油、盐、料酒、蒜泥腌渍好，略炒至熟后，加水淀粉勾芡，撒上黑胡椒。

2. 将芥蓝洗净切段，起油锅，以热油将芥蓝略炒至软，再放入酱油、盐、料酒、蒜泥炒至熟后，即可盛起放入米饭上（汤汁去除不要加入）。

3. 再将炒好的猪肉片放末饭上即可。

【营养功效】猪肉味甘，性平，滋阴，润燥，补血。

小贴士

由于黑胡椒会刺激肠道，不能吃者，一般可选用较温和的调味料替代。

主料： 猪肉 100 克，米饭 1 碗，芥蓝 50 克。

辅料： 酱油、蒜、盐、料酒、淀粉、黑胡椒、食用油各适量。

蛋白干贝炒饭

主料: 米饭 1 碗,鸡蛋 3 个,干贝 10 克。

辅料: 芥蓝茎、姜、葱、盐、味精、食用油各适量。

制作方法

1. 干贝用洗米水浸片刻洗净,蒸软,撕碎;芥蓝茎切片,氽水、沥干;姜切碎;葱切粒。

2. 取蛋白拌匀,烧 3 汤匙油,略炒蛋白,随即放入饭炒匀。

3. 再放姜、葱、盐、味精、芥蓝茎片炒出香味即可。

【营养功效】 干贝是一种高蛋白低脂肪的保健营养食品,能滋阴、补肾、调中。

小贴士

用中火将蛋白轻轻翻炒,才容易保持其软滑及白色。

韭菜花焖饭

主料: 韭菜花 150 克,咸蛋 2 个,大米 250 克。

辅料: 盐、糖、红尖椒各适量。

制作方法

1. 将大米洗净,沥干水分,加入清水浸泡 15 ~ 20 分钟;红尖椒洗净切圈。

2. 将韭菜花洗净泡水 30 分钟,沥干水分后切成约 2 厘米的段;咸蛋煮熟后去壳,切块。

3. 将咸蛋块、调味料放入米中,一起煮熟;将韭菜花段、红尖椒圈放入锅中,盖上锅盖再焖 15 分钟,食用时用饭匙由下往上轻轻拌匀即可。

【营养功效】 韭菜既可提高人体的免疫功能,又可增强人体的性功能,并有抗衰老的作用。

小贴士

韭菜含膳食纤维较多,其所含的维生素 C 和维生素 E 均具有抗氧化功效。

香菇蛋炒饭

主料: 米饭一碗, 鸡蛋1个, 香菇、胡萝卜、生菜各20克。

辅料: 食用油、葱、味精、盐各适量。

【营养功效】香菇有增强人体免疫力、预防和治疗肝脏疾病及胃肠道溃疡之功效。

小贴士

香菇蛋白质含量高, 含维生素 B_2、抗坏血酸等多种维生素和钙、铁、铜等造血物质。

制作方法

1. 香菇去蒂, 洗净, 切丁; 胡萝卜切丁; 生菜切丝; 鸡蛋打入碗中, 搅成蛋液备用。

2. 将香菇丁和胡萝卜丁汆水烫透, 捞出沥净水分, 备用。

3. 炒锅上火烧热, 加底油, 放入鸡蛋液炒至定浆, 再下入葱花爆香, 放入香菇丁、胡萝卜丁、米饭拌炒均匀, 加盐、味精、生菜丝, 炒拌入味即可。

咖喱蟹炒饭

主料： 蟹 1 只，米饭 1 碗。

辅料： 咖喱酱、洋葱、蒜、盐、食用油、味精、糖、胡椒粉各适量。

制作方法

1. 蟹洗净，入锅蒸熟，开壳取出蟹肉，留壳备用。

2. 炒锅上火烧热，下入食用油，放入洋葱末、蒜蓉爆香，再加入咖喱酱、盐、味精、糖、胡椒粉及蟹肉翻炒均匀，起锅。

3. 将炒好的蟹肉和米饭拌匀，入锅蒸约 10 分钟即可。

【营养功效】蟹含有蛋白质、磷、维生素 A、维生素 B_1、维生素 B_2 等营养成分。

小贴士

蟹肉中含十余种游离氨基酸，具有较高的药用价值。

腊肉糯米饭

主料： 糯米 250 克，腊肉 100 克，冬笋 50 克，榨菜 50 克。

辅料： 猪油、葱各适量。

制作方法

1. 糯米用清水浸泡 1~2 小时；腊肉、冬笋切片；榨菜切丁。

2. 以上主料放入瓦煲中，加水、猪油拌匀煮熟。

3. 出锅撒葱花即可。

【营养功效】糯米性甘平，能温暖脾胃、补益中气，对脾胃虚寒、食欲不佳、腹胀腹泻等症有一定缓解作用。

小贴士

腊肉和榨菜搭配本身咸味就重，故饭里不用再放盐。另外，糯米饭一定要放猪油才香。

排骨饭

制作方法

1. 大米和糯米洗净，加水煮熟，盛入碟中；香菇切片；排骨斩块。

2. 炒锅入食用油加热，用姜、蒜爆香，下排骨、香菇片翻炒，加酱油、盐烧至将熟，放入油菜心翻炒两下。

3. 将油菜心围在饭的周围，另将炒好的排骨和香菇片铺在米饭上，撒上葱末即可。

【营养功效】排骨具有通乳、补虚之功效，可为幼儿和老人提供钙。

小贴士

煮时放一点点油，最好是猪油，能让米粒颗颗饱满、粒粒顺滑。

主料： 大米 150 克，糯米 50 克，排骨 100 克，香菇 10 克，油菜心 50 克。

辅料： 盐、酱油、姜、蒜、葱、食用油各适量。

银鱼蛋炒饭

制作方法

1. 银鱼汆水至断生，捞出，沥净水；鸡蛋打入碗中，搅成蛋液；芸豆切小片，汆水处理；葱切段，备用。

2. 炒锅上火烧热，下底油，放入蛋液炒至定浆，再下入葱段、米饭翻炒片刻。

3. 加入银鱼、芸豆片和盐、味精、胡椒粉，炒拌均匀，入味即可。

【营养功效】 银鱼含丰富的蛋白质，具有补虚、养胃、健脾、益气的功效。

小贴士

银鱼汆水要适度，断生即可。也可滑油处理，油温要控制在四五成热。

主料： 银鱼 50 克，鸡蛋 1 个，米饭 1 碗，芸豆、葱各 20 克。

辅料： 食用油、盐、味精、胡椒粉各适量。

木瓜火腿蒸饭

主料： 木瓜 250 克，火腿粒 15 克，大米 100 克。

辅料： 香菇、黑米、眉豆各适量。

制作方法

1. 木瓜分切两半，瓜肉切小丁；大米淘洗净，放入清水中浸泡 3 小时，捞出；黑米和眉豆淘洗净，放清水中浸泡 8 小时，捞出备用。

2. 大米和火腿粒、香菇丁一起拌匀，放在一半木瓜上，黑米、眉豆和木瓜丁一起拌匀，放在另一半木瓜上。

3. 将两块木瓜上笼，用大火蒸 45 分钟，取出装盘即可。

【营养功效】木瓜素有"百益果王"之称，有舒筋络、活筋骨、降血压的功效。

小贴士

选购木瓜非常重要，若果皮粗糙且硬如木，则内部果肉多半已长虫，不能食用。

泡椒鸡丁炒饭

主料： 鸡胸肉 100 克，鸡蛋 1 个，米饭 1 碗，红泡椒、青椒各 10 克。

辅料： 葱、食用油、酱油、盐、水淀粉、味精、糖各适量。

制作方法

1. 鸡胸肉切丁，加适量盐、味精、蛋清、水淀粉上浆拌匀；红泡椒、青椒分别切菱形片，备用。

2. 炒锅上火倒油烧热，爆香葱末，下入红泡椒片、鸡丁，调入盐、糖、酱油、味精，煸炒片刻。

3. 再下入米饭、青椒片，拌炒均匀，出锅装盘即可。

【营养功效】鸡肉肉质爽口香嫩，能温补脾胃、益气养血、强健筋骨。

小贴士

滑油时油温不宜过高，以免粘连不易熟透。

菠萝糯米饭

制作方法

1. 将糯米洗净，放入碗内，加水蒸熟后取出，加糖、食用油拌匀；山楂糕切丁。

2. 菠萝去皮洗净，切片，放入碗内，上面放糯米饭，蒸 30 分钟后取出扣入盘中。

3. 锅内注入清水适量，加糖煮沸，撇去浮沫，水淀粉勾芡，淋上熟油，撒上山楂糕丁即可。

【营养功效】补益脾胃，生津止渴，壮气提神。

小贴士

糯米是一种营养丰富的食物，含有大量的蛋白质、脂肪、糖类、钙、磷、铁、B族维生素及淀粉等成分。

主料： 菠萝 500 克，糯米 200 克。

辅料： 山楂糕、糖、水淀粉、食用油各适量。

叉烧肉饭

制作方法

1. 将腌小黄瓜洗净切好，四季豆、胡萝卜丝加 1 小匙盐，用热水汆烫至熟，捞起沥干水分，加入酱油、冰糖、盐拌匀。

2. 素鸡用酱油、冰糖、盐加小卤包烧煮入味，取出略凉后，切片（豆腐皮状）。

3. 叉烧肉用烤箱加热，以 150℃烤 15 分钟，取出切片。

4. 将全部材料排在米饭上铺平即可。

【营养功效】长食能降低人体的血压和胆固醇，增强人体对肝炎和软骨病的防治能力。

小贴士

四季豆在烹调前应将豆筋摘除，否则既影响口感，又不易消化。

主料： 米饭 1 碗、叉烧肉、素鸡、腌小黄瓜、四季豆、胡萝卜丝各 20 克。

辅料： 小卤包、酱油、冰糖、盐各适量。

烧肉苦瓜饭

主料： 五花肉 200 克，苦瓜 150 克，米饭 1 碗，四季豆、霉干菜、胡萝卜、黑芝麻、红糟各 20 克。

辅料： 酱油、糖、香油、盐、红薯粉、食用油各适量。

【营养功效】苦瓜中的苦瓜素被誉为"脂肪杀手"，能使人体脂肪减少。

小贴士

在燥热的夏天，敷上冰过的苦瓜片，能立即解除肌肤的躁热。

制作方法

1. 将五花肉洗净擦干，拌入红糟、盐、糖、香油腌2小时，粘上红薯粉后，将油烧五成热，放入红糟肉炸5～6分钟。改大火炸片刻后捞起，切片。

2. 苦瓜洗净切长条，用热水汆烫，同酱油、香油、糖和清水一起煮至水分收干，再撒上黑芝麻。

3. 四季豆及胡萝卜洗净切段、切丝，用热水汆烫，沥干水分，用适量食用油、盐和香油一起炒匀。

4. 霉干菜洗净，并泡水15分钟，取出将水分压干后切段，再用适量食用油、酱油和糖炒至入味，同以上食材一起铺在米饭上即可。

黑木耳炒肉饭

制作方法 ○·•

1. 猪肉切片，加入蚝油、蒜末、淀粉、清水、姜丝一起拌匀；黑木耳泡好；泡红辣椒切丝；土豆洗净切丝。

2. 油热时，即下泡红辣椒丝、蒜末炒香，再下猪肉片滑散至表面呈白色，下土豆丝炒熟。

3. 再加入黑木耳翻炒约 4 分钟，再加盐，炒匀起锅与米饭同吃即可。

【营养功效】 黑木耳的铁含量极为丰富，常吃黑木耳能养血驻颜，令人肌肤红润，容光焕发。

小贴士

　　不要选择表皮发绿、长芽的土豆。

主料： 米饭 1 碗，猪肉 250 克，黑木耳 100 克，土豆适量。

辅料： 泡红辣椒、姜、盐、蚝油、蒜、淀粉、食用油各适量。

板栗鲜贝饭

制作方法 ○·•

1. 板栗去皮一开为四；鲜贝用蛋清、盐、味精、水淀粉拌匀；芥蓝、胡萝卜均切片，用沸水氽烫透，捞出沥干水。

2. 锅内加入食用油，烧热，投入板栗和鲜贝，滑至熟，捞出。

3. 炒锅上火烧热，用葱末炝锅，下入米饭、板栗、鲜贝、芥蓝片、胡萝卜片，加入盐、味精、糖，拌炒均匀即可。

【营养功效】 板栗具有很高的营养和药用价值，能养胃健脾、壮腰补肾、活血止血。

小贴士

　　板栗和鲜贝滑油时要控制好油温，否则易糊。

主料： 熟板栗 75 克，鲜贝 50 克，米饭 1 碗。

辅料： 芥蓝、胡萝卜、味精、糖、水淀粉、蛋清、盐、食用油、葱各适量。

鸡丁饭

主料: 米饭 1 碗, 鸡胸肉丁 250 克, 蒜味花生 50 克。

辅料: 蒜、干辣椒、小黄瓜、胡萝卜、香油、糖、食用油、盐各适量。

制作方法

1. 将鸡胸肉丁用盐、糖腌一下, 再用适量食用油过一下, 备用。

2. 起油锅, 将干辣椒与蒜片爆香, 再放入鸡胸肉丁炒熟, 再放入蒜味花生略炒即可起锅放米饭上。

3. 将小黄瓜切丁与胡萝卜丁一起拌炒, 加适量盐调味, 盛入米饭上即成。

【营养功效】 鸡肉含有蛋白质、脂肪、维生素 B_1 等多种营养成分。

小贴士

花生也可以改成腰果, 炸好后放入即可。

三宝饭

主料: 鸡肉、鸭肉、叉烧肉各 50 克, 米饭 1 碗。

辅料: 蒜薹、青豆、糖、酱油、蚝油、香油、五香粉、盐各适量。

制作方法

1. 鸡肉蒸熟或煮熟, 并加适量盐及香油, 取出切片。

2. 鸭肉用酱油、糖、香油上色腌 10 分钟, 烤 15～20 分钟, 熟透取出切片; 叉烧肉烹熟切片。

3. 将蚝油、酱油、糖、水、五香粉煮沸, 加入洗净切段的蒜薹余熟, 拌入盐、香油, 再将青豆余烫至熟, 与上述食材铺在米饭上即可。

【营养功效】《本草纲目》记载: 鸭肉"主大补虚劳, 最消毒热"。

小贴士

鸭肉性凉, 脾胃阴虚、经常腹泻者忌用。

鸡丝芹菜饭

制作方法 ◦ •

1. 将大米淘洗净；鸡肉洗净切丝，加入料酒和盐拌匀，腌30分钟；西芹去根、叶洗净，切成丝。

2. 入大米锅中加适量开水，大火烧沸，至米汤近干时改小火焖，炒锅置大火上，放入熟猪油，待油热后放入鸡丝迅速炒散，炒至断生即出锅。

3. 炒锅内再放熟猪油，待油热后放入西芹丝速炒，放入盐，炒熟即出锅，待米饭焖好后倒入炒熟的鸡丝和西芹丝，加入味精，拌匀饭菜，盛入盘中即可。

【营养功效】 芹菜的钙磷含量较高，有一定镇静和保护血管的作用。

小贴士

　选购芹菜应挑选梗短而粗壮、菜叶翠绿而稀少者。

主料： 大米200克，鸡肉200克，西芹100克。

辅料： 料酒、熟猪油、盐、味精各适量。

葱油鸡饭

制作方法 ◦ •

1. 先将鸡肉洗净，用盐和料酒在鸡肉上涂抹均匀，放入冰箱腌1小时，取出放入蒸锅内用大火蒸20分钟左右，鸡蒸熟后切块放入饭中，上面撒上葱丝、姜丝、胡椒粉。

2. 将锅烧热，倒入适量食用油，烧热后淋在葱、姜之上即成。

3. 鸡肫洗净切片并用热水汆烫，再放入酱油、糖、香油一起煮沸使其入味，再将葱、青蒜、辣椒切好与鸡肫拌均匀即可。

【营养功效】 鸡肉含有促进人体生长发育的磷脂类。

小贴士

　不吃辣者，可不添加辣椒。

主料： 鸡肉200克，鸡肫100克，米饭1碗。

辅料： 青蒜、辣椒、料酒、盐、糖、香油、食用油、酱油、葱、姜、胡椒粉各适量。

卤水鸡饭

主料： 米饭 1 碗，鸡肉 80 克，大白菜 30 克。

辅料： 葱、姜、酱油、盐、食用油、味精各适量。

制作方法

1. 用葱、姜、酱油、盐、食用油、味精制成卤水，将鸡肉放入卤水中卤 30 分钟，卤熟后捞出沥干。

2. 大白菜放入锅中煮熟后捞出与斩成块的鸡肉盛米饭上即可。

【营养功效】 鸡肉对人体生长发育有重要作用，是膳食中脂肪和磷脂重要来源之一。

小贴士

可用手指在鸡腔内膜上轻轻抠几下，如果是注过水的鸡，就会有水流出来。

啤酒鸡翅炒蛋饭

主料： 米饭 1 碗，鸡翅 300 克，啤酒 250 毫升，鸡蛋 2 个。

辅料： 青椒、香叶、大料、花椒、料酒、糖、酱油、味精、葱、姜、食用油各适量。

制作方法

1. 先将鸡翅洗净，氽水；葱切段；姜切片；青椒切丝；鸡蛋搅匀与青椒丝下油锅加盐炒熟。

2. 热锅倒入食用油，放入鸡翅煎香，倒入啤酒，加入葱、姜、酱油、料酒、香叶、大料、花椒调味。

3. 盖上盖子，煮 15 分钟，最后加入味精收汁，将煮熟的鸡翅同炒熟的鸡蛋摆在米饭上即可。

【营养功效】 啤酒含有丰富的 B 族维生素和其他营养素。

小贴士

青椒如果喷洒过农药，一般都会积累在凹陷的果蒂上，因此清洗时应先去蒂。

鳗鱼饭

主料: 米饭 1 碗, 鳗鱼 250 克, 茄子 250 克。

辅料: 豆芽菜、黑芝麻、胡萝卜、蒜、葱、辣椒、蜂蜜各适量。鳗鱼腌料: 黄糖、酱油、姜汁、料酒各适量。酱汁: 盐、香油、糖、蒜末各适量。

【营养功效】 鳗鱼富含维生素 A 和维生素 E 等营养成分, 其中所含的磷脂, 为脑细胞不可缺少的营养素。

小贴士

　　在营养方面, 鳗鱼几乎不含维生素 C, 吃白鳝时应搭配一些蔬菜, 能弥补这个缺陷。

制作方法

1. 将鳗鱼洗净, 用刀面略刺几刀, 再加入腌料腌20分钟使其入味。将鳗鱼放入烤箱约200℃烤6~8分钟, 取出后刷上蜂蜜, 再撒上黑芝麻。

2. 将蒜末爆香, 放入豆芽菜及胡萝卜丝略炒后, 再加入盐、味精炒匀。

3. 茄子切成段, 用热油炸到茄子熟软, 捞起将油沥干, 再加入葱末、辣椒、蒜末及腌鳗鱼的酱汁, 一起炒熟, 收汁, 上述食材一同铺在米饭上即可。

滑蛋虾仁饭

主料： 米饭 1 碗，虾仁 100 克，鸡蛋 1 个。

辅料： 蘑菇，盐、糖、水淀粉、香油、白胡椒粉、蒜、青豆、食用油各适量。

制作方法

1. 起油锅将虾仁爆炒，再加入青豆拌炒片刻加盐、水淀粉、香油、白胡椒粉、糖、蒜末调味勾芡后，再打入半颗蛋，炒一下盛起。

2. 将青豆、蘑菇用适量油加热拌炒，加入盐糖、香油、蒜末炒熟，同上述食材一起铺在米饭上即可。

【营养功效】 鸡蛋中含有较多的 B 族维生素和其他微量元素，可以分解和氧化人体内的致癌物质。

小贴士

色发红、身软、掉拖的虾不新鲜，尽量不吃。

香菇酿虾仁饭

主料： 米饭 1 碗，新鲜香菇、绞肉各 50 克，虾仁 100 克。

辅料： 甜豆、黑木耳、圣女果、白胡椒粉、淀粉、白芝麻、香油、葱、鱼浆、盐、糖、酱油各适量。

制作方法

1. 香菇洗净去蒂；虾仁洗净，沥干切细丁，加入绞肉、葱花、鱼浆及盐、糖、白胡椒粉、淀粉、香油搅拌均匀，作为馅料。

2. 在香菇内侧撒上适量淀粉；将馅料分成四等份，分别酿入香菇中，用沸水大火煮10 ~ 15 分钟，至熟。

3. 将甜豆、黑木耳、圣女果洗净切好，加入盐糖、白芝麻、酱油、香油略炒至熟，与上述食材同铺在米饭上即可。

【营养功效】 香菇是具有高蛋白、低脂肪、多种氨基酸和多种维生素的菌类食物。

小贴士

个别人食用香菇后会出现头晕眼花、恶心呕吐、腹胃胀痛等不适症状。

蛋包饭

主料： 米饭 1 碗，肉丝 50 克，鸡蛋 1 个。

辅料： 花椰菜、胡萝卜丝、毛豆、熟火腿肠、盐、白胡椒粉、香油、番茄酱、牛奶、奶油、糖各适量。

【营养功效】 大米蛋白质中，赖氨酸的含量高于其他谷物。

小贴士

花椰菜是很普通的一种蔬菜，却是难得的食疗佳品。

制作方法

1. 起油锅爆香葱花，放入肉丝拌炒，至半熟时放入米饭、盐、白胡椒粉、葱花、香油炒均匀后，起锅备用。

2. 将蛋打散加入盐调味，煎熟蛋饼后，立即熄火，将炒饭倒在蛋饼1/2处，将另一半蛋饼盖上面。

3. 毛豆用开水汆烫片刻，熟后捞起，与盐拌匀摆放蛋包饭的边上。

4. 花椰菜及胡萝卜洗净切好，用热水汆烫至熟摆放蛋包饭的边上，再将番茄酱、牛奶、奶油、盐和糖加热，淋在蛋包饭上面，熟火腿切片放在上面即可。

西芹咸鱼饭

主料： 大米 50 克，咸鱼丁 250 克。

辅料： 盐、糖、香油、胡椒粉、西芹丁、红酒醋、葱各适量。

制作方法

1. 将米洗净沥干水分，加清水浸泡 15～20 分钟备用。

2. 将咸鱼丁与盐、香油、胡椒粉加入米中，稍微拌匀，放入电饭锅中煮熟，再焖 15 分钟左右。

3. 将盖子打开，放入西芹丁搅拌，盖好，焖 3～5 分钟后，再将红酒醋、糖均匀撒入，用饭匙拌匀，撒上葱末即可。

【营养功效】 西芹含有芳香油、多种维生素和多种游离氨基酸等营养物质。

小贴士

西芹叶中所含的胡萝卜素和维生素 C 比茎多，因此吃时不要把能吃的嫩叶扔掉。

咸菜焖鱼米饭

主料： 米饭 1 碗，鲫鱼肉、咸菜各 150 克。

辅料： 姜、蛋清、清汤、淀粉、酱油、味精、红椒、食用油、盐各适量。

制作方法

1. 咸菜洗净切碎；鲫鱼肉剁成糜；姜切成末；红椒切碎。

2. 鱼糜加入蛋清、盐、淀粉拌匀后，用勺子挖出成丸子形，放入煮好的沸水中氽熟，即鱼白。

3. 炒锅放食用油，放入咸菜炒匀，加适量清汤，倒入鱼白，调入酱油、姜末、盐、味精稍焖，水淀粉勾芡，最后加入剁碎的红椒焖入味后，摆米饭边上即可。

【营养功效】鲫鱼具有和中补虚、除湿利水、温胃进食、补中生气之功效。

小贴士

将鱼去鳞剖腹洗净后放入盆中倒一些料酒，就能除去鱼的腥味，并能使鱼滋味鲜美。

苹果鱼香蟹肉饭

主料： 米饭 1 碗，苹果 1 个，鸡蛋 1 个，带鱼、西蓝花、蟹肉棒各 20 克。

辅料： 姜、葱、蒜、醋、水淀粉、糖、生抽、大料、料酒、盐、食用油、蚝油各适量。

【营养功效】 带鱼含有丰富的镁元素，对心血管系统有很好的保护作用。

🍅 小贴士

　　购买带鱼时，尽量不要买带黄色的。

制作方法

1. 带鱼去头、尾、鳍并洗净，切成均匀的块，用盐和料酒腌 20 分钟；鸡蛋入碗加水淀粉调成蛋糊；葱、姜、蒜切好备用。

2. 切好的带鱼放入蛋糊里上浆，放入热油锅中炸至两面金黄时捞出沥油。

3. 锅留底油放姜、葱、蒜爆香，烹料酒、糖、醋、生抽及适量清水煮沸，将炸好的带鱼放入锅中焖至汤汁见少时，将带鱼拣出摆放在米饭上。

4. 西蓝花切成小块放入清水洗净，入沸水氽烫，蟹肉棒切段。炒锅放食用油烧热，爆香葱、蒜，放西蓝花和蟹肉棒，入适量盐和蚝油调味盛在米饭边上，摆上苹果即可。

椒香鳝片饭

主料： 米饭1碗，黄鳝300克。

辅料： 食用油、姜、蒜、青椒、红椒、青菜、盐、料酒、酱油各适量。

制作方法 ○·

1. 黄鳝洗净，切成片，汆水后沥干；青菜洗净，对半切开汆熟，铺米饭上。

2. 青、红椒去籽，切片；姜、蒜洗净切片。

3. 锅入食用油烧热，爆香姜、蒜、青红椒，放入黄鳝片爆炒，调入酱油、料酒、盐，翻炒片刻盛出，铺在米饭上即可。

【营养功效】黄鳝含有丰富的DHA和卵磷脂，是构成人体各器官组织细胞膜的主要成分。

小贴士

黄鳝在炒前用沸水烫一下，洗去血污，可减少腥味。

烧带鱼饭

主料： 米饭1碗，带鱼300克。

辅料： 青菜、葱、蒜、料酒、食用油、蚝油、生抽、味精、盐各适量。

制作方法 ○·

1. 带鱼去内脏、洗净，切成段，加料酒、蒜末腌渍待用；青菜洗净，加盐沸水汆熟，捞出摆在米饭上。

2. 炒锅倒入食用油，烧热，把鱼放入锅内，煎至两面金黄捞起。

3. 炒锅留底油，放入炸好的带鱼，加蚝油、生抽、味精、盐调味，焖烧片刻，撒上葱末，盛出放在青菜上面即可。

【营养功效】带鱼含优质蛋白质、丰富脂肪，常食可补充人体钙成分。

小贴士

带鱼体表的银白色物质是一种脂肪。这层脂肪本身没有腥味，去掉它会降低带鱼的食用价值。

四季豆虾仁腰果饭

制作方法 ○ •

1. 虾去头、皮并洗净，腰果入油炒至金黄酥脆备用，葱、姜、蒜切末，整理好的虾加淀粉、盐、料酒腌 10 分钟。

2. 锅入食用油，爆香葱、姜、蒜，加虾仁翻炒。然后加腰果，再加盐、糖、醋调味，最后水淀粉勾芡。

3. 四季豆摘去蒂及筋，用清水洗净，并入沸水快速氽一下。蒜切末，青椒斜切成圈。

4. 爆香蒜末和青椒，入四季豆和蚝油，迅速翻炒，再加入炒熟的虾仁等食料，拌匀铺在米饭上即可。

【营养功效】四季豆富含粗纤维，能促进大肠蠕动，保持大便能畅。

小贴士

挑选腰果时，以色泽白，饱满，气味香，无蛀虫、斑点者为佳。

主料：米饭 1 碗，虾 150 克，腰果、四季豆各 20 克。

辅料：葱、姜、蒜、青椒、蚝油、食用油、料酒、盐、糖、醋、淀粉各适量。

京酱牛肉丝饭

制作方法 ○ •

1. 先将牛肉丝用腌料拌均匀，腌 10 分钟，用热食用油拌炒一下起锅备用。

2. 将葱段爆香，再加入牛肉丝炒至熟透。

3. 将玉米粒及胡萝卜丁翻炒 3 分钟，放入盐、糖、香油和适量清水，煮 2 分钟，最后加入熟牛肉用小火焖 5 分钟，盛出铺在米饭上即可。

【营养功效】牛肉含有丰富的蛋白质，氨基酸组成比猪肉更接近人体需要，能提高机体抗病能力。

小贴士

不吃牛肉者，可用猪肉或鸡肉代替。

主料：米饭 1 碗，牛肉丝 100 克。

辅料：葱、玉米粒、胡萝卜丁、食用油、盐各适量。牛肉腌料：酱油、糖、香油、淀粉、胡椒粉各适量。

鸡蛋土豆牛肉饭

主料： 米饭 1 碗，土豆 150 克，牛肉 100 克。

辅料： 鸡蛋、香菜、食用油、盐、胡椒粉各适量。

制作方法

1. 土豆去皮后切粒，放入热水中加适量盐，以中火煮 5 分钟，捞起；牛肉切丝后撒适量盐及胡椒粉腌渍备用。

2. 先炒好蛋，盛出备用，再用中火把牛肉丝炒至变色。

3. 加入土豆粒与牛肉丝一同炒 2 分钟，盛出同炒好的鸡蛋一起铺在米饭上，撒上香菜即可。

【营养功效】 土豆高含量的蛋白质和 B 族维生素可以增强体质。

小贴士

寒冬食牛肉，有暖胃作用，为寒冬补益佳品。

南瓜牛肉紫米饭

主料： 紫米饭 1 碗，牛里脊肉 200 克，鹌鹑蛋 6 只，猕猴桃 1 只。

辅料： 青椒、蒜、葱、姜、料酒、淀粉、盐、糖、南瓜、蚝油、酱油、食用油各适量。

制作方法

1. 牛里脊肉切粗丝加蚝油、糖、酱油、淀粉腌渍 20 分钟，葱、姜切丝，南瓜去皮切刀块，鹌鹑蛋煮熟去壳，青椒、姜切片，将腌渍好的牛肉丝过油盛出备用。

2. 起油锅爆香葱、姜，依次加滑炒过的牛肉丝、青椒、蚝油，翻炒至熟。

3. 热锅下姜片，倒入南瓜加盐和少量清水稍煮。再放入鹌鹑蛋翻炒勾芡，与炒熟的牛肉丝同铺在紫米饭上，放上半只猕猴桃即可。

【营养功效】 青椒富含蛋白质、胡萝卜素、维生素 A 以及钙、磷、铁等矿物质。

小贴士

常吃南瓜，可使大便通畅，肌肤盈润。

双冬茄汁牛肉饭

制作方法 ○●

1. 水发香菇对半切开；冬笋切成薄片，锅入熟猪油烧热，下冬笋片滑油，约2分钟捞起。

2. 香菇下锅，炸去表面水分，倒入漏勺沥油；冬笋略煸炒，再下香菇、盐、酱油、杂骨汤，焖2分钟；放入味精，用水淀粉勾芡，淋入香油盛出。

3. 在碗内把番茄酱、水淀粉调成芡汁。

4. 锅热时投入牛肉片过油后，沥油；将洋葱块、姜片爆香，放入牛肉片，烹料酒，芡汁勾芡，与上述食料同铺在米饭上即可。

【营养功效】 冬笋对肥胖症、高血压、糖尿病和动脉硬化等患者有一定的食疗作用。

小贴士

儿童、尿路结石者、肾炎患者不宜多食冬笋。

主料： 米饭1碗，冬笋、干香菇、牛里脊肉、洋葱各20克。

辅料： 香油、杂骨汤、水淀粉、猪油、番茄酱、食用油、醋、盐、酱油、味精、料酒、姜各适量。

黄豆芽饭

制作方法 ○●

1. 将米洗净，沥干水分，加入高汤，浸泡15～20分钟，加入盐、料酒、香油、食用油、胡椒粉、糖、蒜末拌匀。

2. 黄豆芽洗净，与黑木耳丝一起铺在米上，放入电饭锅中煮熟，煮好后须再焖15分钟，用饭匙由下往上拌匀即可。

【营养功效】 黄豆芽味道鲜美，是较好的蛋白质和维生素的来源。

小贴士

黄豆芽是由黄豆浸水发芽而成。应趁新鲜时食用。

主料： 黄豆芽200克，黑木耳丝50克，大米100克，高汤100毫升。

辅料： 盐、料酒、香油、食用油、胡椒粉、糖、蒜各适量。

蘑菇火腿饭

主料: 五谷米 20 克, 大米 50 克, 蘑菇 100 克, 洋葱丁 20 克, 火腿 15 克。

辅料: 巴西里粉、盐、胡椒粉、糖、食用油各适量。

【营养功效】 蘑菇含有丰富的蛋白质、脂肪、糖类、钙、磷等营养成分。

小贴士

巴西里粉在买胡椒粉、普罗旺斯草等调味品的地方可以买到, 一般是小瓶装。

制作方法

1. 将蘑菇洗净沥干; 五谷米洗净沥干, 加水浸泡3小时; 再将大米洗净加水浸泡15分钟, 最后将两种米混在一起备用。

2. 锅内加入食用油, 将洋葱丁爆香, 蘑菇、火腿放入拌炒, 再加入盐、糖、胡椒粉翻炒均匀, 铺在米上。

3. 放入电饭锅中煮熟, 再焖20分钟, 最后撒上巴西里粉, 用饭匙拌匀即可。

鱼香茄子饭

制作方法

1. 咸鱼切丁；蒜切碎；葱切末；茄子去皮切成条；青菜洗净，分切开氽熟铺米饭上。

2. 锅内放食用油，烧热，放入茄条炸至金黄色，变软，捞起沥油待用。

3. 炒锅放入蒜末爆出香味，倒入咸鱼丁，加鲜汤、盐、酱油调味，再加炸好的茄条，略翻炒，加水淀粉勾芡，翻炒待汤汁变浓稠，撒上葱花，放入米饭中即可。

【营养功效】常吃茄子,有助于防治高血压、冠心病、动脉硬化。

小贴士

炸茄条时注意不要太软，否则一炒就会烂掉。

主料：米饭 1 碗，咸鱼 100 克，茄子 1 根，青菜 1 棵。

辅料：食用油、蒜、葱、鲜汤、盐、酱油、淀粉各适量。

香菇卤水掌翼饭

制作方法

1. 香菇洗净、用清水泡发，鸭翼、鸭掌放入热水锅中氽水，捞出沥干水分，青菜洗净，分切开氽熟，铺米饭上。

2. 将酱油、盐、食用油、味精、高汤放入锅中制成卤汁。

3. 放入鸭掌、鸭翼、香菇，用小火焖出香味待色泽红亮时盛出，摆在米饭上即可。

【营养功效】体内热的人适宜食用鸭肉、体质虚弱、食欲不振、发热的人食之更为有益。

小贴士

鸭翼是鸭子全身最好吃的地方，因为那里多运动，肌肉会比较多，肉质紧密。

主料：米饭 1 碗，鸭掌 20 克，鸭翼 25 克，干香菇 5 克，青菜 1 棵。

辅料：酱油、盐、食用油、味精、高汤各适量。

蒜味米饭

主料： 大蒜 20 克，猪肉丁 100 克，大米 50 克。

辅料： 胡椒粉、食用油、糖、淀粉各适量。

制作方法

1. 将大米洗净，加入水，浸泡半小时备用。

2. 大蒜切丁，猪肉丁加入调味料腌约 10 分钟备用。

3. 将大蒜、猪肉丁均匀铺在大米上，一起煮熟，煮好后再焖 15 ~ 20 分钟，用饭匙由下往上拌匀即可。

【营养功效】 大蒜含蛋白质、脂肪、钙等营养成分，常食可有消除体内毒素功效。

小贴士

发了芽的大蒜食疗效果甚微。

茶香炒饭

主料： 大米 100 克，玉米粒、青豆、鲜虾仁各 50 克，鸡蛋 1 个。

辅料： 茶叶、盐、味精、食用油各适量。

制作方法

1. 茶叶用开水泡 10 分钟，将茶水过滤后倒入大米中，米放入锅里蒸熟。

2. 鸡蛋打成蛋液，锅烧热，倒入蛋液翻炒，装盘备用。

3. 锅里油烧热，倒入玉米粒、青豆、虾仁翻炒，加入蒸熟的米饭、炒好的鸡蛋、盐、味精翻炒 2 分钟即可。

【营养功效】 茶叶中含有许多营养成分和药效成分，喝茶可以让人头脑清醒。

小贴士

为保持茶叶的纯香，不要用别的香料如葱、蒜等。

制作方法 ○·

1. 将米洗净，沥干水分，加入水浸泡 15～20 分钟；黄花菜洗净沥干；香肠切片。

2. 将盐、糖、胡椒粉、食用油加入米中，先拌匀，再将香肠圆片铺在米上，放入电饭锅中煮熟，焖约 15 分钟。

3. 打开锅盖，放入黄花菜，外锅加入适量水，再煮一次。使用时用饭匙由下往上拌匀即可。

【营养功效】 黄花菜的胡萝卜素含量不亚于胡萝卜，花味清香，营养价值很高。

小贴士

常吃黄花菜，可预防儿童因燥热引发的流鼻血现象。

黄花菜饭

主料：新鲜黄花菜 100 克，香肠 1 根，大米 50 克。

辅料：盐、糖、胡椒粉、食用油各适量。

制作方法 ○·

1. 将茄子去蒂洗净，切片，浸泡在水中。

2. 将米洗净，沥干水分，再加水浸泡 20 分钟，最后加入茄子片、绞肉、酱油、糖、盐、香油拌匀，放入电饭锅中蒸熟。

3. 让茄子饭焖 20 分钟左右，打开后，加入葱、蒜、辣椒末，用饭匙由下往上搅拌均匀即可。

【营养功效】 茄子营养丰富，特别适合缺乏维生素 P 的人食用。

小贴士

吃茄子建议不要去皮。

茄香饭

主料：茄子 100 克，大米 1 碗。

辅料：酱油、糖、盐、香油、葱、蒜、辣椒末、绞肉各适量。

青豆桂花饭

主料： 青豆仁 100 克，大米 50 克。

辅料： 香油、盐、料酒、糖、桂花酱各适量。

制作方法

1. 大米先洗净，加入水，浸泡 15 分钟；青豆仁洗净沥干倒入米中。

2. 将香油、盐和料酒加入米中拌匀，然后放到电饭锅中蒸。

3. 焖 15 ~ 20 分钟，加入糖、桂花，再用饭匙由下往上搅拌均匀即可。

【营养功效】青豆富含不饱和脂肪酸和大豆磷脂，可补充人体所需的蛋白质。

小贴士

青豆多食会发生腹胀，故不宜长期大量食用。

荷兰豆腊肠饭

主料： 荷兰豆 100 克，腊肠 50 克，米饭 1 碗。

辅料： 冰糖、食用油、盐、料酒、蒜各适量。

制作方法

1. 荷兰豆洗净、切段，蒜、腊肠切片，加入料酒，上锅蒸熟。

2. 热油锅，爆香蒜片，倒入荷兰豆快速煸炒至断生，加盐、冰糖、腊肠翻炒熟，盛出与米饭同吃即可。

【营养功效】荷兰豆可以提高机体的抗病能力和康复能力。

小贴士

荷兰豆是营养价值较高的豆类蔬菜，其嫩梢、嫩荚、籽粒均质嫩清香，极受人们喜爱。

肉干鲜菇饭

主料: 米饭 1 碗, 猪腿肉 250 克, 山楂 20 克, 香菇 100 克。

辅料: 香油、食用油、花椒、盐、葱、姜、料酒、黄油、糖各适量。

【营养功效】山楂所含的维生素 C、胡萝卜素等物质, 能增强机体的免疫力。

小贴士

　　孕妇、儿童、胃酸分泌过多者、病后体虚及患牙病者不宜食用。

制作方法

1. 将猪肉剔去筋膜、洗净; 山楂洗净; 香菇洗净、切块。

2. 将一半山楂放入锅内, 加水煮沸后, 再放入猪肉, 共同煮熟, 捞出, 猪肉晾凉, 切成粗丝, 用葱段、姜片、料酒将肉条拌匀, 腌渍约1小时。

3. 锅内食用油烧热, 投入肉条炸干水分, 至色泽微黄捞起, 留适量余油置火上, 投入花椒, 炒香后拣出, 放另一半山楂, 略炸后再倒入肉条和鲜香菇反复翻炒, 小火烘干, 加入盐、糖、黄油、香油拌匀, 与米饭同吃即可。

荷兰豆炒鱼片饭

主料: 米饭 1 碗, 鱼肉 400 克, 荷兰豆 200 克, 青菜 1 棵。

辅料: 红椒、蒜、食用油、盐、料酒、生抽各适量。

制作方法

1. 鱼肉洗净切成片; 荷兰豆去筋, 截断两端; 蒜切片; 红椒切片; 青菜洗净, 分切开氽熟, 铺米饭上。

2. 烧热油, 倒入鱼片微炸, 至鱼肉变白色, 捞起沥干待用。

3. 炒锅续添油待热, 放蒜片、红椒片爆香, 倒入荷兰豆快炒, 加料酒、生抽、盐调味, 再倒入炒好的鱼片, 拌炒均匀, 与米饭同吃即可。

【营养功效】 荷兰豆含有较为丰富的膳食纤维, 可以防止便秘, 有清肠作用。

小贴士

鱼片不可和荷兰豆同炒, 应先将荷兰豆炒熟, 最后倒入鱼片拌炒均匀。

烤鸡腿饭

主料: 鸡腿 250 克, 番茄、小黄瓜各适量, 鸡蛋 1 个, 米饭 1 碗。

辅料: 烤肉酱、胡椒粉、香油、食用油、糖各适量。

制作方法

1. 将鸡腿洗净擦干, 肉表面用尖刀划两刀, 再将糖、胡椒粉、香油均匀涂抹在上面。

2. 腌好的鸡腿先用热油炸熟, 快速捞起沥干, 再将整只涂上烤肉酱, 在炭上烘烤, 中间须不停重复涂上烤肉酱。

3. 蛋煎成蛋皮再切丁, 加上番茄片、小黄瓜一起略炒盛起, 烤过的鸡腿切块, 与米饭同吃即可。

【营养功效】 鸡腿中有四种蛋白质, 对控制高血压有一定效用。

小贴士

添加适量的芝麻, 可增添香味。

粥 类

雪梨黄瓜粥

主料： 糯米稀粥 1 碗，雪梨 1 个，黄瓜 1 条。

辅料： 山楂糕、冰糖各适量。

制作方法

1. 雪梨去皮及核，洗净切丁；黄瓜洗净，切丁；山楂糕切条，备用。

2. 锅中放入糯米稀粥，烧沸，下入雪梨丁、黄瓜丁、山楂条、冰糖。

3. 用中火煮沸，出锅装碗即可。

【营养功效】雪梨具有润肺清热、止咳化痰、清心降火等功效。

小贴士

黄瓜尾部含有较多的苦味素，苦味素有抗癌作用，不要把黄瓜的尾部去得太多。

萝卜火腿粥

主料： 火腿 75 克，稠粥 1 碗，葱花、白萝卜各 20 克。

辅料： 高汤、鸡精、胡椒粉各适量。

制作方法

1. 白萝卜洗净去皮，切成长方形厚片，中间再横切一刀成夹刀片。

2. 火腿切薄片，分别夹入白萝卜中，备用。

3. 锅中倒入高汤，放入白萝卜火腿夹，煮20分钟，再加入稠粥煮沸，放入鸡精、胡椒粉调好口味，撒上葱花，出锅即可。

【营养功效】萝卜中的淀粉酶能分解食物中的淀粉、脂肪，使之得到充分的吸收。

小贴士

白萝卜具有促进消化、增强食欲、加快胃肠蠕动和止咳化痰的作用。

芋头粥

制作方法

1. 将芋头洗净，切成小块，入锅烧沸。

2. 将大米洗净后加入锅内，用小火熬煮。

3. 待米烂芋头熟时，加入糖，煮成稠粥即可。

【营养功效】 芋头的营养价值很高，块茎中的淀粉含量达 70%，老幼皆宜，为秋补素食一宝。

小贴士

芋头生吃易发生中毒反应。用芋头煮食，必须彻底煮熟。

主料：芋头 100 克，大米 200 克。
辅料：糖适量。

决明子粥

制作方法

1. 将决明子下入锅中，加水煎煮取汁适量。

2. 然后用其汁和大米同煮。

3. 成粥后加入冰糖即成。

【营养功效】 决明子与大米同煮为粥，清淡又保健，是一道很好的保健品。

小贴士

在夏季决明子可泡茶当饮料食用，一样具有很好的保健作用。

主料：大米 60 克，决明子 10 克。
辅料：冰糖适量。

黄花菜瘦肉粥

主料： 黄花菜、瘦肉各 50 克，大米 100 克。

辅料： 盐、葱、姜各适量。

制作方法

1. 黄花菜洗净；瘦肉切片备用。

2. 姜、大米、黄花菜一同放入滚水中，同煮成粥。

3. 放入葱、瘦肉，瘦肉将熟时加入盐调味即可。

【营养功效】 猪肉能为人体提供优质蛋白质和必需的脂肪酸，可改善缺铁性贫血。

小贴士

为防止粥溢锅，可在煮粥的时候加几滴食用油或少量盐。

山药萝卜粥

主料： 大米 300 克，山药 300 克。

辅料： 芹菜末、白萝卜、胡椒粉、香菜、盐各适量。

制作方法

1. 大米洗净沥干；山药和白萝卜均去皮洗净切小块。

2. 锅中加水煮沸，放入大米、山药、白萝卜稍微搅拌，至再次滚沸时，改中小火熬煮 30 分钟。

3. 加盐拌匀，食用前撒上胡椒粉、芹菜末及香菜即成。

【营养功效】 山药和萝卜两者搭配食用，对于女性美容养颜、瘦身消肿均有奇效。

小贴士

山药近年被视为滋阴补阳圣品，对女性丰胸、肌肤防皱均有效果。

蛋花麦片粥

制作方法

1. 将鸡蛋打入碗中，打散搅匀。

2. 把麦片用水浸泡，泡软后倒入锅中，小火煮沸，约 5 分钟。

3. 再往锅中打入鸡蛋，煮熟加盐调味，撒上葱末即成。

【营养功效】麦片可以促进宝宝生长发育，有利于预防夜盲症、口角炎、贫血等。

小贴士

　　鸡蛋含有蛋白质、碳水化合物、维生素 A、B 族维生素等营养物质。

主料：麦片 30 克。

辅料：鸡蛋、葱、盐各适量。

状元及第粥

制作方法

1. 猪肉、猪肝、粉肠、猪腰、猪肚洗净备用；油条切段；猪肉、猪肝、猪腰切丁备用；大米淘洗净。

2. 锅内加入可没过粉肠及猪肚的水煮滚，放入猪肚、粉肠及姜片、葱丝，煮约 1 小时，煮软后捞起沥干，粉肠切段、猪肚切细条状备用。

3. 大米加水烧沸后，改用小火慢煲。放入盐及其余材料煮熟，食前加入油条段、香菜、葱末即可。

【营养功效】猪肉具有补中益气、生津液、润肠胃、丰肌体、泽皮肤等作用。

小贴士

　　注意控制煮粥的时间和火候。

主料：猪肉、猪肝、粉肠、猪腰、猪肚各 50 克，大米 1 碗。

辅料：油条、姜、葱、葱、香菜、盐各适量。

菠菜粥

主料: 菠菜、大米各 250 克。

辅料: 盐适量。

制作方法

1. 菠菜洗净,备用。

2. 大米洗净置锅内,加水适量。

3. 熬至大米熟时,将菠菜放入粥中,继续熬一会儿停火,再放入盐调味即成。

【营养功效】菠菜具有养血、止血、利肠通便、解热毒之功效。

小贴士

不宜食用加工过细的大米,加工过于精细,会使营养成分大量损耗,降低大米的营养价值。

二瓜粥

主料: 大米 100 克,黄瓜、冬瓜各 150 克。

辅料: 姜、盐各适量。

制作方法

1. 将黄瓜洗净,切片;冬瓜去皮,切片;大米淘洗净;姜洗净拍碎。

2. 锅内加水,大火烧沸后放入大米、姜碎,待沸腾后改用小火慢慢煮至米烂。

3. 再下入黄瓜片、冬瓜片,大火煮至汤稠料熟,加入盐调味,即可食用。

【营养功效】黄瓜具有清热止渴、利水消肿、泻火解毒之功效。

小贴士

煮粥时,水要一次加足,不要中途加水,大火煮沸后要不断搅拌才能使粥黏稠而不粘锅。

解暑荷叶粥

制作方法

1. 取鲜荷叶2片，洗净后煎汤。

2. 再用此汤与大米共煮成粥。

3. 加糖食用即可。

【营养功效】荷叶是一种疗效极佳的解暑药。

小贴士

荷叶性平，味苦涩。

主料： 鲜荷叶2片，大米150克。

辅料： 糖适量。

海带绿豆粥

制作方法

1. 大米洗净沥干；绿豆洗净浸泡2小时。

2. 锅中加水煮沸，放入大米、绿豆，烧沸。

3. 再加入海带丝，改中小火熬煮40分钟，加入盐、明太鱼粉拌匀，撒上胡椒粉、芹菜末即可食用。

【营养功效】海带具有化痰、软坚、清热、降血压之功效。

小贴士

海带营养丰富，是一种低脂而富含碘、钙、铜、硒等多种微量元素的海藻类食物。

主料： 大米250克，绿豆80克，海带丝50克。

辅料： 盐、明太鱼粉、芹菜、胡椒粉各适量。

烟肉白菜粥

主料： 稠粥 1 碗，烟肉 100 克，白菜 200 克，芹菜 50 克。

辅料： 食用油、味精、高汤、盐、胡椒粉、葱各适量。

制作方法

1. 锅下油烧热后，下入烟肉煎至金红色，待层次分明、熟透，出锅切片备用。

2. 白菜、芹菜分别洗净。

3. 锅中倒入稠粥，上火烧滚，再加入高汤、盐、胡椒粉、烟肉、白菜、芹菜煮沸，最后加入味精，撒上葱花，出锅装碗即可。

【营养功效】白菜含多种维生素、碳水化合物、蛋白质及微量元素等，能养胃生津。

小贴士

白菜应为新鲜白菜，不宜食用放置时间过久的白菜。

火腿玉米粥

主料： 大米 100 克，火腿 150 克，玉米粒 1 罐。

辅料： 盐、鸡精、胡椒粉、香油、芹菜、香菜、高汤各适量。

制作方法

1. 大米洗净，浸泡约 30 分钟，加入高汤熬煮。

2. 火腿切丁，芹菜洗净切末。

3. 粥内倒入火腿丁、玉米粒同煮约 10 分钟，加盐、鸡精调味，食用时加胡椒粉、香油、芹菜末、香菜即可。

【营养功效】火腿具有健脾开胃、生津益血，滋肾填精之效。

小贴士

火腿性温，味甘咸，以浙江的金华火腿为佳。

黑芝麻甜奶粥

制作方法

1. 锅中放入稠粥，稍稍加热。

2. 在稠粥中加入鲜牛奶，以中火煮沸。

3. 再加入糖搅匀，撒上黑芝麻，出锅装碗即可。

【营养功效】黑芝麻性味甘、平，可补肝肾，润五脏。

小贴士

芝麻与蔬菜同吃，具有减肥功效，是肥胖者的理想食物。

主料： 稠粥 1 碗，鲜牛奶 1 杯。

辅料： 糖、熟黑芝麻各适量。

皮蛋瘦肉粥

制作方法

1. 大米淘洗净，浸泡 30 分钟，下入锅中加清水，上大火煮沸，转小火慢煮 45 分钟至熟。

2. 皮蛋去皮切瓣；猪瘦肉切片，加入淀粉、酱油、糖、味精腌渍 15 分钟；油条切段。

3. 将皮蛋、猪瘦肉、油条放入大米粥内煮沸，再加入胡椒粉、盐、鸡精，最后撒葱末、香油即可。

【营养功效】 皮蛋能增进食欲，并有中和胃酸、清凉、降压的作用。

小贴士

皮蛋不宜存放在冰箱内，这样会影响它原有的风味和色泽，使其变成黄色。

主料： 大米 100 克，油条 1 根，皮蛋 1 个，猪瘦肉 100 克。

辅料： 淀粉、味精、葱、盐、鸡精、酱油、糖、香油、胡椒粉各适量。

白果冬瓜粥

主料： 稀粥 1 碗，白果仁 25 克，冬瓜 150 克。

辅料： 葱、姜、盐、胡椒粉、高汤各适量。

制作方法

1. 冬瓜去皮、瓤，切成白果仁大小的丁。

2. 锅中加入高汤、姜末，上火煮沸，下入稀粥、白果仁、盐、胡椒粉，用大火烧沸。

3. 再下入冬瓜丁，搅拌均匀，煮 5 分钟，撒上葱末出锅即可。

【营养功效】 白果含丰富的蛋白质、脂肪、糖和淀粉等营养成分。

小贴士

熬此粥时最好用沙锅或不锈钢锅，不可用铁锅。

艇仔粥

主料： 大米、干鱿鱼各 100 克，猪肚 300 克。

辅料： 猪肉皮、籼米粉、花生米、干贝、葱、姜、酱油、猪油、食用碱水、食用油、盐、味精各适量。

制作方法

1. 大米洗净，加水浸泡 1 小时；干鱿鱼用碱水浸泡，发透后洗净切丝，放入沸水中烫过。

2. 干贝去除老筋，用温水浸开，撕碎；猪肚擦洗净；花生米去衣，放入沸盐水中稍烫，捞出沥干。

3. 食用油烧热，放入花生米炸至金黄色捞出，籼米粉用沸油炸香。

4. 水煮沸，加入大米、干贝、猪肚再煮沸。改用小火慢煮 30 分钟，加入盐和味精调味。碗中放入猪肉皮、炸米粉、花生米，冲入滚粥，加入猪油、酱油、姜、葱拌匀即可。

【营养功效】 鱿鱼常食可健脾和胃。

小贴士

旧时广州，河道多有小艇泛游。其中部分艇家专集河虾、鱼片等水上食材为粥，向邻艇或岸人供应。"艇仔粥"一名由此而生。

油盐白粥

制作方法

1. 大米洗净，加适量食用油腌渍待用。

2. 锅内烧沸清水，加入大米（连同浸米的油）煮沸，再转中小火煮至绵稠。

3. 加盐调味即可。

【营养功效】 大米富含淀粉和蛋白质，常食可强健筋骨，丰体长肌。

小贴士

大米根据粒形和品质可以分为籼米、大米和糯米三类。

主料： 大米 150 克。

辅料： 食用油、盐各适量。

生滚牛蛙粥

制作方法

1. 姜、蒜切碎；葱洗净切末；香菜洗净；牛蛙杀好，用适量料酒、食用油、盐、姜、蒜、葱、生抽、淀粉腌渍片刻；大米洗净，加入适量食用油、盐腌 30 分钟待用。

2. 烧沸足量清水，加入大米煮 45 分钟，再放入牛蛙煮 5 分钟熄火。

3. 撒入适量盐、味精调味。装碗时加入香菜、香油即可。

【营养功效】 牛蛙肉含蛋白质、脂肪、钙、磷、铁、维生素 A 等成分。

小贴士

牛蛙肉本身无害，然而其体内寄生虫极多，建议一定要煮熟后才吃。

主料： 大米 150 克，牛蛙 1 只。

辅料： 盐、味精、料酒、食用油、香油、姜、蒜、葱、生抽、淀粉、香菜各适量。

田螺芋头粥

主料： 大米 150 克，田螺 200 克，芋头 200 克。

辅料： 葱、味精、盐各适量。

制作方法

1. 芋头去皮洗净，切粒；大米洗净，浸泡 30 分钟；葱洗净，切末。

2. 田螺去壳，浸泡 20 分钟。放盐煮沸适量清水，加入田螺以小火煮至螺肉变色，捞出切碎待用。

3. 锅内煮沸足量清水，加入大米、芋头煮粥。

4. 粥成之时加入田螺拌匀，最后放入盐、味精调味，撒上葱末即可。

【营养功效】田螺富含蛋白质、脂肪、碳水化合物、钙、磷、铁等成分。

小贴士

凡脾胃虚寒、便溏腹泻者忌食。螺肉不宜与中药蛤蚧、西药土霉素同服。

生菜鲮鱼球粥

主料： 大米 250 克，鲮鱼滑 500~750 克。

辅料： 生菜、姜、葱、盐、食用油各适量。

制作方法

1. 生菜、大米洗净，加适量食用油、盐腌 30 分钟待用；鲮鱼滑挤成若干球待用。

2. 烧沸足量清水，加入大米（连腌米油盐）煮 30 分钟；再放入鱼球、姜丝沸煮 10 分钟，即可熄火。

3. 加入盐调味，撒上生菜丝、葱末即可。

【营养功效】生菜富含水分、维生素 C 等，常食可消脂减肥，镇静安神。

小贴士

生菜接近乙烯时会诱发赤褐斑点，故储藏时应远离苹果、梨、香蕉等水果。

柴鱼花生粥

制作方法

1. 大米洗净，用食用油、盐腌30分钟。

2. 猪骨洗净，过沸水去杂，冲去血沫；花生米洗净；姜去皮切丝；柴鱼干剪块待用。

3. 烧沸足量清水，加入大米、猪骨、花生米、柴鱼干、姜丝以大火煮30分钟；再转小火熬1.5小时；加盐调味，即可。

【营养功效】猪骨性寒，有壮腰膝、益力气、补虚弱、强筋骨的作用。

小贴士

柴鱼花生粥是东莞传统小吃。大米建议选用东北珍珠米，柴鱼用韩国柴鱼干即可。

主料： 大米150克，猪骨500克，柴鱼干4条，带衣花生米250克。

辅料： 姜、食用油、盐各适量。

淡菜皮蛋粥

制作方法

1. 大米洗净，用食用油、盐腌30分钟以上；皮蛋去皮，切碎 淡菜洗净,用开水浸发待用。

2. 烧沸足量清水，加入大米煮沸。

3. 加入淡菜煮20分钟。粥将成时加入皮蛋稍煮片刻，撒上葱末即可。

【营养功效】淡菜的蛋白质含量很高，且包括8种人体必需的氨基酸。

小贴士

淡菜不是菜、而是海洋软体动物贻贝的干制品。

主料： 大米100克，淡菜30克。

辅料： 皮蛋、食用油、葱、盐各适量。

咸蛋菜心粥

主料： 糯米、大米各 100 克。

辅料： 菜心、咸蛋、盐各适量。

1. 糯米、大米淘洗净，用温水浸泡 1 小时，菜心洗净切碎；咸蛋分离出蛋黄与蛋白。

2. 煮沸清水，放入大米、糯米煮至出现米油。

3. 放入咸蛋黄，煮至蛋黄化开；转中火，一边倒入蛋清一边搅煮至沸腾。

4. 加入菜心粒煮熟，加盐调味即可。

【营养功效】 常食菜心有除烦解渴、利尿通便和清热解毒之功效。

小贴士

挑选咸蛋时，可用鲜蛋进行透照对比，一般鲜蛋气室都小于咸蛋气室。

滑蛋牛肉粥

主料： 米粥适量，牛里脊肉 300 克，鸡蛋 1 个。

辅料： 姜、葱、香菜、油条、小苏打、盐、料酒、淀粉、香油、盐、胡椒粉各适量。

1. 牛肉切片，加小苏打、盐、料酒、淀粉、香油腌 30 分钟备用；油条撕块待用。

2. 米粥煮滚，加入牛肉片煮至变白，打入生蛋即可熄火。

3. 加盐调味，装碗时加入葱段、姜丝、胡椒粉、香菜末、油条块即可。

【营养功效】 牛肉富含蛋白质，食后可显著提高机体抗病能力。

小贴士

生鸡蛋含有抗生物素蛋白，食后会导致食欲不振、全身无力，应尽量避免食用生鸡蛋。

板栗牛腩粥

制作方法

1. 牛腩洗净，连同食用油、冰糖、酱油、卤料入锅煮 2 小时取出，切片待用。

2. 大米淘净，加入适量油、盐腌 30 分钟；板栗去壳去衣，煮熟待用。

3. 烧沸适量清水，加入腌好的大米、熟板栗、牛腩片同煮成粥。

4. 加入适量味精调味，撒上葱末即可。

【营养功效】 板栗食后有健脾补肝，强肾壮骨的作用。

小贴士

板栗生吃过量难于消化，熟吃过多容易滞气。

主料： 大米 100 克，牛腩 200 克，板栗 50 克。

辅料： 葱、冰糖、酱油、味精、卤料、盐、食用油各适量。

韭菜海参粥

制作方法

1. 韭菜洗净切碎；海参浸泡片刻，洗净切丁；大米洗净，浸泡 30 分钟待用。

2. 锅内注入适量清水，加入韭菜、海参、大米同煮成粥。

3. 粥成时加盐调味即可。

【营养功效】 海参易于消化，尤其适宜老年人、儿童以及体质虚弱的人食用。

小贴士

潮湿海参容易变质且货不抵价，因此购买海参时应以干者为佳。

主料： 大米 100 克，韭菜、海参各 60 克。

辅料： 盐适量。

牛尾粥

主料： 大米 250 克，牛尾 1 条。

辅料： 干贝 50 克，姜、葱、料酒、盐、味精、鸡油各适量。

制作方法

1. 大米洗净；干贝温水浸软待用。

2. 以小火燎去牛尾茸毛，浸软，刮净表面焦黑，从骨节处切为小段，放入开水汆透捞出。

3. 牛尾、料酒、葱段、姜片、干贝加水烧沸，撇去浮沫，转小火炖 2 小时。

4. 捞出葱段、姜片，加入大米、盐、味精续煮至粥成，淋上鸡油，撒上葱末即可。

【营养功效】 常食干贝有助于降血压、降胆固醇，补益健身。

小贴士

牛尾适宜秋冬进补，不建议夏季食用。

叉烧皮蛋粥

主料： 大米 150 克，叉烧 100 克，皮蛋 1 只。

辅料： 盐、味精、葱、香油各适量。

制作方法

1. 大米洗净，加入适量油、盐腌渍 30 分钟；叉烧切丁；皮蛋去壳，洗净切丁。

2. 煮沸足量清水，加入大米熬至粥成。

3. 加入叉烧、皮蛋丁稍煮，再加入盐、味精、香油调味，撒葱花即可。

【营养功效】 适量食用皮蛋可泻肺热、去肠火、治泻痢、止喉痛等。

小贴士

经常食用皮蛋会引起失眠、注意力涣散、贫血、关节痛、思维缓慢等铅中毒症状。

鸭蛋瘦肉粥

制作方法

1. 大米洗净，用适量油、盐浸泡30分钟；咸鸭蛋煮熟，去壳切丁；猪瘦肉洗净，切丁待用。

2. 煮沸足量清水，加入大米（连同浸米、油、盐）熬至粥成。

3. 加入瘦肉、咸鸭蛋稍煮片刻，再用盐、味精调味，沸腾2~3次后，淋香油，撒上葱末即可。

【营养功效】 猪肉有润肠胃、生津液、补肾气、解热毒的功效。

小贴士

新鲜猪肉肉质紧密，有弹性。膘肥嫩、色白有光泽；瘦肉呈淡红色、有光泽、不发黏；新鲜肉气味纯正，无异味。购买时须注意。

主料： 大米200克，咸鸭蛋1只，猪瘦肉100克。

辅料： 盐、葱、香油、味精、食用油各适量。

胡萝卜瘦肉粥

制作方法

1. 瘦肉洗净，剁成肉末；胡萝卜洗净剁末。

2. 白粥入锅煮沸，加入胡萝卜末、洋葱末、土豆末、芹菜末煮5分钟。

3. 最后放入肉末煮熟，加盐调味，撒上葱末即可。

【营养功效】 胡萝卜富含胡萝卜素等，营养丰富，养肝明目，具有防癌、增强免疫力的功能。

小贴士

胡萝卜应当用油炒或和肉类一起食用，利于吸收。

主料： 白粥1碗，猪瘦肉150克，胡萝卜50克。

辅料： 洋葱、土豆、芹菜、葱、盐各适量。

咸鱼肉片粥

主料： 大米 200 克，咸鱼 75 克，猪瘦肉 300 克。

辅料： 葱、姜、胡椒粉、食用油、盐各适量。

制作方法

1. 大米洗净，加入适量油、盐腌渍 30 分钟。

2. 咸鱼去骨切块；猪瘦肉洗净切片；葱切葱末待用。

3. 煮沸清水，加入大米（连腌米油盐）、咸鱼、猪瘦肉、姜丝，以中火煮 30 分钟。

4. 加盐、胡椒粉调味，再撒上葱花即可。

【营养功效】 猪肉所含的维生素 B_1 有保护神经系统，促进肠胃蠕动，增加食欲的作用。

小贴士

咸鱼分"霉香"和"实肉"两种。前者是先发酵后腌，后者直接腌渍。

肉丸粥

主料： 大米、猪瘦肉各 150 克。

辅料： 葱、姜、盐、味精、料酒、淀粉、鸡蛋清各适量。

制作方法

1. 大米洗净，浸泡 30 分钟；葱切末；姜切末。

2. 猪瘦肉剁泥，加入葱末、姜末、盐、味精、料酒、淀粉、蛋清拌匀，挤为若干丸子。

3. 煮沸足量清水，加入大米熬至粥成。

4. 放入肉丸，煮熟，加盐调味，撒上葱末即可。

【营养功效】料酒含人体需要的 8 种氨基酸有助于改善睡眠。

小贴士

扬州狮子头和潮州牛肉丸可谓是中国最有名的两种丸子。

制作方法

1. 大米洗净，加入适量油、盐腌渍30分钟。

2. 皮蛋去壳，洗净切丁；牛肉洗净切块；干蚝豉洗净，用温水浸泡待用。

3. 煮沸足量清水，加入大米煮至半熟；加入蚝豉、油、皮蛋，续煮至粥成。

4. 加盐调味，撒上香菜、葱末即可。

【营养功效】 蚝豉含有多种氨基酸、维生素 B_{12} 等营养成分，其中维生素 B_{12} 具有预防恶性贫血的作用。

小贴士

购买蚝豉时应注意产地。

蚝豉皮蛋瘦肉粥

主料：大米300克，干蚝豉100克，皮蛋2个，牛肉150克。

辅料：香菜、葱、盐、食用油各适量。

制作方法

1. 大米洗净，浸泡30分钟；青椒洗净切丝；姜切末；葱切末；猪瘦肉洗净，剔去筋膜，切丝待用。

2. 锅中放水，加入大米、猪肉、花椒、陈皮、姜末、盐、料酒，煨煮至米、肉熟烂。再放入青椒丝以小火煨煮5~10分钟，最后撒葱末即成。

【营养功效】 常食青椒可解热镇痛，降脂减肥。

小贴士

眼疾、食管炎、胃肠炎、胃溃疡、痔疮患者应少吃或忌食青椒。

青椒瘦肉粥

主料：大米150克，青椒30克，猪瘦肉50克。

辅料：姜、葱、食用油、花椒、陈皮、盐、料酒各适量。

笋尖猪肝粥

主料: 稠粥 1 碗, 鲜竹笋尖 100 克, 猪肝 100 克。

辅料: 味精、盐、淀粉、葱、姜、高汤各适量。

1. 笋尖洗净, 斜刀切片; 猪肝洗净切片, 加味精、盐、淀粉腌渍 5 分钟。

2. 大火煮沸稠粥, 加入笋尖片、猪肝片、高汤、盐、味精拌匀, 再撒上葱末、姜末即可。

【营养功效】竹笋富含蛋白质、氨基酸、脂肪、碳水化合物、胡萝卜素以及多种微量元素。

小贴士

　　竹笋食用前一般先用开水汆过, 以去除笋中草酸。

皮蛋猪肝粥

主料: 大米 300 克, 猪肝 200 克, 皮蛋 1 只。

辅料: 生菜、姜、葱、食用油、生抽、盐、香油各适量。

1. 大米洗净, 加入清水、香油、盐浸泡半小时; 猪肝浸泡 1~2 小时, 洗净切片, 用食用油、姜片、生抽腌好; 生菜洗净; 皮蛋去皮, 洗净切粒。

2. 清水下锅, 放入猪肝煮沸 1~2 分钟。

3. 倒入皮蛋、姜丝, 沸煮 1~2 分钟后加入大米大火拌煮 5 分钟。转小火煮 40 分钟, 其间每 5 分钟搅拌一次, 以免粘锅。最后加盐调味, 撒入葱、生菜, 淋上香油即可。

【营养功效】食用猪肝可调节和改善贫血病人造血系统的生理功能。

小贴士

　　猪肝的有毒物质存留于肝血窦中, 因此烹制猪肝前应先浸泡 1~2 小时以去除残血。

制作方法

1. 猪肝洗净，切片待用；大米、绿豆分别洗净，各自浸泡30分钟待用。

2. 锅内放水，加入大米、绿豆煮沸。再转小火慢熬。

3. 加入猪肝煮熟，放盐、味精调味即可。

【营养功效】绿豆富含多种维生素和微量元素，常吃有益。

小贴士

如果猪肝急需烹饪，可以先切为4~6块，然后加水用力抓洗几下，这样也能起到较好的清洗效果。

猪肝绿豆粥

主料：大米100克，猪肝100克，绿豆60克。

辅料：盐、味精各适量。

制作方法

1. 牛蒡去皮洗净，切片；猪腱洗净，切条；大米洗净，浸泡30分钟待用。

2. 煮沸足量清水，加入大米转小火煮30分钟。

3. 加入牛蒡煮20分钟，再加入猪腱煮10分钟，最后加盐和鸡精调味，撒上葱末即可。

【营养功效】牛蒡纤维具有显著降低血清胆固醇的作用，能预防中老年疾病和延缓机体衰老。

小贴士

牛蒡原产于中国，公元940年前后传入日本。

猪腱牛蒡粥

主料：大米200克，牛蒡、猪腱各200克。

辅料：葱、盐、鸡精各适量。

猪蹄粥

主料： 大米 50 克，猪蹄 1 只。

辅料： 花椒、桂皮、小茴香、葱、姜、食用油、盐各适量。

1. 猪蹄洗净，斩块，稍煮去沫；姜洗净切片，葱洗净切末，花椒、桂皮、小茴香分别洗净；大米洗净，浸泡 30 分钟。

2. 锅中倒入足量清水，放进猪蹄、姜片、花椒、桂皮、小茴香煮熟。

3. 加入大米煮成粥，最后加油、盐调味，撒葱末即可。

【营养功效】 猪蹄富含胶原蛋白，常食可增强皮肤弹性和韧性。

小贴士

　　猪蹄又称猪脚、猪手。一般来说，前蹄称为猪手，后蹄称为猪蹄。

扁豆猪蹄粥

主料： 糯米 200 克，猪前蹄 1 个。

辅料： 白扁豆、盐、味精、料酒、葱、姜各适量。

1. 糯米泡 30 分钟；姜、葱分别洗净，姜去皮切末，葱切末。

2. 锅中注入清水，煮沸后加入猪前蹄稍煮，并撇去浮沫。

3. 加入糯米、白扁豆、料酒、葱、姜，以小火炖烧。食用时加入盐和味精即可。

【营养功效】 扁豆营养相当丰富，常食可以健脾益气，化湿消暑。

小贴士

　　猪蹄和"朱题"谐音。寓意考生能够金榜题名。

制作方法

1. 猪肺灌洗净，加入适量清水和料酒，煮熟捞出，切丁；大米洗净，浸泡30分钟；薏米洗净，浸泡片刻。

2. 锅中注入足量清水，加入猪肺丁、大米、薏米、姜丝以大火煮沸，再转小火煨炖成粥。

3. 最后加入盐、味精和葱末调味即可。

【营养功效】 猪肺味甘性平，有补肺润燥的作用。

小贴士

　　清洗猪肺时，可将猪肺管套在水龙头上灌水后倒出，反复几次即可。

滋补猪肺粥

主料：大米100克，猪肺500克，薏米50克。

辅料：料酒、葱、姜、盐、味精各适量。

制作方法

1. 大米洗净，浸泡30分钟；红枣洗净；猪脾洗净切片，微炒待用。

2. 将猪脾、红枣、大米一同下入沙锅中添水煮粥。

3. 依据喜好可加糖调味。

【营养功效】猪脾含氨基酸、叶酸等成分，可用于小儿脾胃虚弱、饮食不化等症。

小贴士

　　每天食用此粥1次，持续半个月，可治疗脾胃虚弱等症。

猪脾枣米粥

主料：大米100克，猪脾2副，红枣10枚。

辅料：食用油、糖各适量。

排骨皮蛋粥

主料: 大米 100 克, 猪小排骨 200 克。

辅料: 皮蛋、葱、酱油、盐、味精各适量。

1. 大米洗净, 浸泡 30 分钟; 猪小排骨洗净切段, 用酱油、盐腌 1 小时; 皮蛋去壳, 洗净切块。

2. 煮沸足量清水, 加入大米熬粥。

3. 另烧沸适量清水, 煮熟小排骨; 另用炒锅, 爆香葱花。

4. 食用时将葱末、排骨配入米粥, 加盐、味精调味即可。

【营养功效】常食排骨可滋阴壮阳, 益精补血, 补充钙质。

小贴士

排骨分扁排和圆排, 相对而言, 扁排滋味较好。

猪血粥

主料: 大米 250 克, 猪血 1000 克。

辅料: 干贝、葱、胡椒粉、食用油、盐各适量。

1. 大米洗净沥干, 加适量食用油、盐腌拌; 猪血切块, 浸泡片刻。

2. 烧沸足量清水, 加入大米（连腌米油盐）、干贝大火煮 20 分钟。

3. 加入猪血煮沸, 熄火加盐。装碗时撒上葱末胡椒粉即可。

【营养功效】猪血富含维生素 B_2、维生素 C 蛋白质、铁、磷、钙等营养成分。

小贴士

猪血含铁量较高, 除非特殊需要人群一周食用最好不超过两次。

苋菜小鱼粥

1. 银鱼浸水，洗净备用。

2. 煮沸稠粥，加入小银鱼煮熟。

3. 加入苋菜段、盐、味精、胡椒粉，调拌均匀，出锅装碗即可。

【营养功效】 苋菜富含蛋白质、脂肪、碳水化合物以及多种维生素和矿物质。

苋菜烹调时间不宜过长，以免营养流失，破坏菜相。

主料：稠粥 1 碗，小银鱼 100 克。

辅料：苋菜、盐、味精、胡椒粉各适量。

草鱼片香菜粥

制作方法

1. 大米洗净，加入食用油、盐腌至发涨并呈乳白色，压碎；陈皮浸软，腐竹抹净剪碎，姜片洗净切丝；草鱼肉切片，加入姜丝、油、盐、糖、胡椒粉腌好。

2. 草鱼腩洗净沥干，开锅煎香，另置网袋装入煎鱼腩、陈皮、姜片。

3. 清水注入锅内，先放入腐竹、鱼袋煲 30 分钟；再下米大火煮 20 分钟，改小火慢熬成粥；放入鱼片、姜丝搅拌煮熟，加盐调味，撒上香菜即可。

【营养功效】 常食草鱼可平肝祛风，治痹截疟。

小贴士

优质的腐竹呈淡黄色，有光泽、无任何异味。选购时应注意。

主料：大米 120 克，草鱼腩 320 克，草鱼肉 240 克。

辅料：腐竹、香菜、姜、食用油、盐、糖、胡椒粉、陈皮各适量。

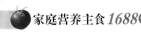
鱼生粥

主料： 大米 500 克，青鱼肉 500 克。

辅料： 海蜇皮、油炸花生米、料酒、葱、姜、香油、香菜、酱油、盐、味精各适量。

1. 大米洗净，加入足量清水煮沸，转中火煮 1.5~2 小时，加入香油、盐煮成咸味粥。

2. 鱼肉剔骨洗净，切片；海蜇皮洗净切丝；葱、姜、香菜分别洗净切末，加入酱油、料酒拌匀。

3. 置数碗，分别盛入步骤 2 的食材，放入味精。

4. 粥成之时，趁沸直接倒入各碗中，迅速搅动，令鱼片受高温烫熟。食用时撒上花生米即可。

【营养功效】 青鱼所含的核酸是细胞必需物质，有延缓衰老、辅助疾病治疗的作用。

小贴士

　　半熟鱼肉残留寄生虫可能性极高，因此不宜常食鱼生粥。

草菇鱼腩粥

主料： 稠粥 1 碗，鱼腩肉 200 克，草菇 50 克，青豆 50 克。

辅料： 葱、姜、高汤、盐、味精、香油各适量。

制作方法

1. 鱼腩肉洗净，沥干切片待用。

2. 锅中倒入高汤煮沸，加入姜末、青豆、草菇略煮，再倒进稠粥煮沸。

3. 加入鱼片煮熟，再下盐、味精、香油调味，最后撒上葱末，出锅装碗即可。

【营养功效】草菇所含蛋白质高于一般蔬菜，可降低胆固醇。

小贴士

　　煮鱼片时间不宜过长，断生为好，火力不要太旺，以免煮碎。

玉米鱼肉稀粥

1. 大米洗净，浸泡1小时；鱼肉洗净，蒸熟去骨，捣碎待用；玉米洗净剥粒。

2. 锅中倒入足量清水，加入大米以大火烧沸，再转小火煲成稀粥。

3. 加入玉米粒拌煮片刻，再倒入鱼肉碎拌匀，加盐调味即可。

【营养功效】 玉米油富含维生素E、维生素A、卵磷脂及镁等，含亚油酸高达50%。

小贴士

　　本粥口感绵烂，营养丰富，十分适合儿童食用。

主料： 鱼肉100克，玉米30克，大米50克。

辅料： 盐适量。

鱼松粥

1. 大米洗净，浸泡30分钟；菠菜洗净，稍烫切碎。

2. 锅中注入足量清水，加入大米以大火煮沸，改小火熬成粥。

3. 加入菠菜碎、鱼松拌煮片刻，加盐调匀，再用小火熬几分钟即可。

【营养功效】 鱼松极易被人体消化和吸收，对儿童和病人极有益处。

小贴士

　　鱼松中氟化物含量较高，长期食用易导致氟化物积蓄，引起氟斑牙和氟骨症。

主料： 大米50克，鱼松30克，菠菜20克。

辅料： 盐适量。

蛤蜊粥

主料： 大米150克，蛤蜊10个。

辅料： 姜、食用油、盐、葱各适量。

制作方法

1. 大米淘洗净，加盐、食用油、清水浸泡1小时；蛤蜊用盐水浸泡2小时以上。

2. 煮沸适量清水，加入大米煮沸，转小火再熬40分钟。期间注意搅拌。

3. 蛤蜊充分洗净，放入米粥以大火烧沸，待蛤蜊开壳后关火，加盐、姜丝、葱末调味即可。

【营养功效】 蛤蜊富含蛋白质、脂肪、碳水化合物、铁、钙、磷等多种成分。

小贴士

蛤蜊肉质鲜美，营养丰富，因此被誉为"天下第一鲜"。

牡蛎粥

主料： 糯米150克，牡蛎500克，五花肉150克。

辅料： 水发香菇、姜、盐、味精、胡椒粉、葱、芹菜、白酒、高汤、蒜各适量。

制作方法

1. 牡蛎洗净沥干；猪五花肉、水发香菇分别洗净切碎；姜切丝；糯米浸泡2小时，蒸熟待用。

2. 锅内倒入高汤，烧沸后加入糯米沸煮5分钟（期间注意搅动，以免粘锅）。

3. 加入猪五花肉、牡蛎、香菇煮熟，再加入芹菜末、葱末、胡椒粉、蒜泥、白酒，最后放盐、味精、姜丝调味即可。

【营养功效】 牡蛎富含蛋白质、脂肪、牛磺酸以及多种维生素。

小贴士

食牡蛎不能一味求大。其实小牡蛎肉嫩膏腴，风味更佳。

制作方法

1. 蟹柳洗净切段；豆腐切块待用。

2. 烧沸足量高汤，加入姜末略煮片刻，再放入米饭、豆腐、盐、鲜鸡精煮20分钟。

3. 加入蟹柳拌煮5分钟，撒上葱末装碗即可。

【营养功效】 螃蟹含有丰富的蛋白质和微量元素，对身体有很好的滋补作用。

"千炖豆腐，万炖鱼"，豆腐只有小火慢炖才能入味。

蟹柳豆腐粥

主料：米饭1碗，蟹柳2根。

辅料：豆腐、高汤、葱、盐、鲜鸡精、姜各适量。

制作方法

1. 大米洗净，加水浸泡半小时；鸡翅根去皮，分离骨肉；鸡骨洗净，并用盐、糖、料酒、姜丝、白胡椒粉、味精、淀粉，加少量清水腌好。

2. 煮沸适量清水，加入大米以大火煮沸，再放入鸡骨转小火煮1小时。

3. 放入鸡肉，搅拌，待粥重新沸腾，撒入适量香油、盐和葱末即可。

【营养功效】 鸡肉有滋补血液、补肾益精、增强体力等作用。

若嫌剔鸡翅根麻烦，可选鸡胸肉代替，不过口感稍差。

滑鸡粥

主料：大米200克，鸡翅根3只。

辅料：葱、白胡椒粉、料酒、姜、盐、糖、淀粉、味精、香油各适量。

香葱鸡肉粥

主料: 大米 200 克, 鸡脯肉 100 克。

辅料: 盐、味精、淀粉、香菇、葱、胡椒粉、香油各适量。

制作方法 ○ ·

1. 大米洗净, 浸泡 30 分钟; 鸡脯肉洗净切粒, 加入盐、味精、淀粉腌渍 15 分钟; 香菇洗净切丁; 葱洗净, 切葱末备用。

2. 锅中注入适量清水, 加入大米以大火煮沸, 转小火慢煮 40 分钟。

3. 再加入鸡肉粒、香菇、盐、胡椒粉、香油, 搅拌煮 10 分钟, 撒入葱花即可。

【营养功效】 鸡肉含有促进人体生长发育的磷脂类, 是人们膳食结构中磷脂的重要来源。

小贴士

鸡肉性温, 多食容易生热动风。

胡萝卜鸡丝粥

主料: 大米 200 克, 鸡胸肉、胡萝卜各 20 克。

辅料: 高汤、酱油、葱、淀粉、盐、鸡精、胡椒粉、食用油各适量。

制作方法 ○ ·

1. 大米洗净, 浸泡 30 分钟; 鸡胸肉洗净切丝, 加入酱油、淀粉、清水腌渍; 胡萝卜洗净切丝; 葱洗净切末。

2. 锅内注入高汤煮沸, 倒入大米慢熬成粥。

3. 锅内加入食用油, 入鸡丝、胡萝卜丝炒熟, 再加胡椒粉、盐和鸡精调味, 出锅待用。

4. 食用时将鸡丝、胡萝卜丝倒入米粥拌匀, 撒上葱末即可。

【营养功效】 鸡肉所含的维生素 B_2 可促进细胞再生, 消除口腔炎症, 缓解视疲劳。

小贴士

烹调胡萝卜时尽量不要加醋, 以免令胡萝卜素流失。

干贝鸡丝粥

制作方法

1. 大米洗净，浸泡30分钟；干贝、熟鸡肉撕碎；水发香菇洗净切丁；油条切粒。

2. 烧沸足量清水，加入大米、香菇煮沸，改小火煮成粥。

3. 加入干贝、鸡丝搅拌煮沸，再放入盐、味精、香油、胡椒粉调味。食用时放上葱末、油条粒即可。

【营养功效】鸡肉含有较多的不饱和脂肪酸——油酸和亚油酸，能够降低对人体健康不利的低密度脂蛋白胆固醇。

小贴士

挑选鸡时，刀口不整、放血良好者为活鸡屠宰。

主料： 大米150克，干贝50克，熟鸡肉200克。

辅料： 水发香菇、油条、葱、味精、盐、香油、胡椒粉、清水各适量。

鸡肝鸡子粥

制作方法

1. 大米洗净，浸泡30分钟；鸡肝去筋，切去靠近苦胆的部分，洗净切片，加入料酒、味精、盐、葱末拌腌；鸡蛋打散待用。

2. 烧沸足量清水，加入大米熬至粥成。

3. 加入鸡肝、鸡蛋，待沸后加盐调味，最后淋上香油即可。

【营养功效】鸡肝富含蛋白质、钙、磷、铁、锌、维生素A等营养成分。

小贴士

《现代家用中药》指出鸡肝"适用于萎黄病、妇人产后贫血、肺结核、小儿衰弱"。

主料： 大米150克，鸡肝200克，鸡蛋2个。

辅料： 葱、盐、味精、料酒、香油各适量。

鸡肉蛋清粥

1. 大米洗净，浸泡30分钟；鸡肉切片，加水用淀粉拌匀；蛋清打至发泡。

2. 锅中注入鸡汤煮沸，放入大米煮沸拌匀，改中小火熬煮30分钟。

3. 锅中倒入鸡肉片，续煮1分钟，再倒入发泡的蛋清迅速拌匀，加入柠檬汁，撒上葱末即可。

【营养功效】柠檬含维生素C和多种矿物质，具有增强免疫力、消除紧张疲劳等作用。

小贴士

柠檬原产于中国喜马拉雅山麓。

主料： 大米100克，鸡肉50克，鸡蛋3个。

辅料： 葱、淀粉、柠檬汁、鸡汤各适量。

冬瓜鸭粥

1. 冬瓜留皮去瓤，洗净切块；净鸭洗净沥干，斩块；大米洗净，浸泡30分钟；陈皮浸软洗净。

2. 炒锅食用油烧热，加入鸭块爆香，捞出待用。

3. 锅内注入足量清水，加入鸭块、葱段、姜片、陈皮、料酒用大火烧沸，改小火煮至鸭肉熟烂，捞出撕肉待用。

4. 加入大米、冬瓜，煮至粥成，加盐、味精、香油调味，撒入鸭肉、葱末即成。

【营养功效】鸭肉富含蛋白质、脂肪、钙、维生素B1、维生素B2、维生素E等。

小贴士

鸭肉性凉，脾胃阴虚、经常腹泻者忌用。

主料： 大米200克，冬瓜500克，净鸭半只。

辅料： 陈皮、葱、姜、料酒、盐、味精、香油、食用油各适量。

陈肾菜干粥

制作方法

1. 大米洗净，浸泡 30 分钟；菜干剪去头部，浸泡洗净；陈肾用热水浸软后切片。

2. 煮沸足量清水，加入大米、菜干、陈肾煲至绵滑。

3. 熄火前加盐、油调味即可。

【营养功效】 菜干中的纤维素有助于加强胃肠蠕动，促进消化。

小贴士

陈肾是广东特有的食材，即腊鸭肾，性温，味甘，有健脾清滞的作用，广东民间常以之煲粥辅助治疗小儿、老人厌食症。

主料： 大米 100 克，陈肾若干。

辅料： 菜干、盐、食用油各适量。

烧鸭粥

制作方法

1. 大米洗净，浸泡 30 分钟；干贝用温水泡发撕碎；烧鸭去骨，切块待用。

2. 煮沸足量清水，加入大米、干贝煮至粥成。

3. 加入烧鸭肉煮沸，食用时加入香菜、葱末、熟油、生抽调味即可。

【营养功效】鸭肉可大补虚劳，滋五脏之阴，清虚劳之热，补血行水，养胃生津。

小贴士

烧鸭油腻上火，高血压及心血管病患者不宜多食。

主料： 大米 250 克，烧鸭 1 只，干贝 20 克。

辅料： 香菜、葱、熟油、生抽各适量。

滋补羊肉粥

主料： 大米200克，精羊肉200克。

辅料： 姜、葱、盐各适量。

制作方法

1. 精羊肉洗净切片；大米洗净，浸泡30分钟；姜、葱洗净切末。

2. 锅中注入足量清水，加入大米、羊肉、姜一同熬煮成粥。

3. 撒上葱花，加盐调味，即可。

【营养功效】羊肉含有丰富的蛋白质、脂肪、钙、维生素 B_1、维生素 B_2 等成分。

小贴士

羊肉可以温补气血，益肾补衰，开胃健力。

羊腩苦瓜粥

主料： 大米、羊腩各150克，苦瓜100克。

辅料： 燕麦、盐、味精、姜、葱、胡椒粉各适量。

制作方法

1. 大米洗净，浸泡30分钟；燕麦淘洗净，浸泡8小时；苦瓜洗净切片，备用。

2. 锅中注入足量清水，加入大米、燕麦用大火煮沸。再放入羊腩、姜片、盐、胡椒粉转小火煮1小时；最后加入苦瓜煮10分钟，加味精调味，撒上葱末即可。

【营养功效】羊肉适宜于冬季进补，是补阳的佳品。

小贴士

燕麦一般分为带稃型和裸粒型两大类。

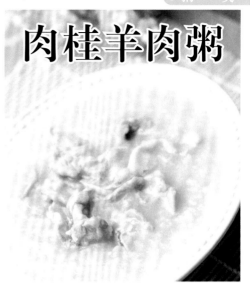

肉桂羊肉粥

1. 大米洗净，浸泡 30 分钟；羊肉洗净，连同草果、肉桂、蚕豆一起放进锅内，加水适量。

2. 先用大火煮沸，后改小火慢熬成汤，再把汤过滤去渣，放入大米、香料、盐调匀，继续用小火熬熟。

3. 放入香菜，食用时将羊肉切块，盛入碗中，分碗盛装。

【营养功效】肉桂所含桂皮油有杀菌、健胃祛风、化痰镇咳、利尿抗辐射的作用。

小贴士

阴虚火旺、里有实热、血热妄行者及孕妇忌用。

主料：大米 500 克，肉桂 10 克，羊肉 1500 克。

辅料：草果、蚕豆、香料、盐、香菜各适量。

兔肉粥

制作方法

1. 大米洗净，浸泡 30 分钟；兔肉洗净切片，加入盐、料酒、香油腌渍片刻。

2. 锅中注入足量清水，加入大米、水发香菇用大火煮沸，改小火熬熟。

3. 加入腌好的兔肉、姜丝、味精、胡椒粉拌煮，煮沸后加入香油、葱丝即可。

【营养功效】兔肉具有补中益气、滋阴养颜、生津止渴的作用。

小贴士

家兔肉又称菜兔肉，常食不会发胖。

主料：大米 100 克，嫩净兔肉 100 克。

辅料：水发香菇、葱、姜、料酒、盐、味精、胡椒粉、香油各适量。

兔肝粥

1. 大米洗净，浸泡30分钟；兔肝洗净待用。

2. 锅中注入足量清水，加入大米烧沸，再加入兔肝煮沸，改小火熬煮成粥。

3. 食用时加油、盐调味，撒上葱末即可。

【营养功效】 兔肝有补肝明目之效，对肝虚眩晕、目暗昏糊、目翳目痛等症有辅助疗效。

小贴士

古时候契丹族就有射木兔和食兔肝的习俗。

主料： 大米200克，兔肝适量。

辅料： 葱、食用油、盐各适量。

冰糖五色粥

1. 香菇、胡萝卜洗净切丁。

2. 锅中倒入稠粥煮沸，加入玉米粒、香菇丁、胡萝卜丁、青豆和冰糖拌煮至熟即可。

【营养功效】 青豆具有健脑益智、保持血管弹性和防止脂肪肝形成的作用。

小贴士

胡萝卜味甜易变质，故须现煮现食，不宜多煮久放。

主料： 稠粥1碗，嫩玉米粒50克。

辅料： 香菇、胡萝卜、青豆、冰糖各适量。

罗汉粥

制作方法

1. 香菇泡软去蒂，用淀粉抓洗净，沥干切片，拌入适量油备用。

2. 胡萝卜洗净切粒，竹笋、水发银耳、水发黑木耳、草菇分别洗净切丁，用沸水烫后捞起。

3. 米饭连同足量清水共煮 15 分钟，加入香菇、胡萝卜等料续煮 5 分钟左右，最后加入盐和味精拌匀即可。

【营养功效】 草菇含异种蛋白，对人体癌细胞有杀灭作用。

小贴士

　　草菇如今已成为世界第三大栽培食用菌之一。

主料：米饭 150 克，香菇、草菇、胡萝卜、竹笋、水发黑木耳、水发银耳各 50 克。

辅料：淀粉、盐、味精、食用油各适量。

板栗稀粥

制作方法

1. 板栗去壳去皮，切碎待用。

2. 锅中注入适量清水，放入板栗碎煮熟。

3. 锅中倒入稀粥同煮，待板栗粉软，粥绵烂时加盐调味即可。

【营养功效】 板栗有养胃健脾、补肾强筋、活血止血的功效。

小贴士

　　中国是板栗的故乡，栽培板栗的历史可追溯到西周时期。

主料：稀粥 1 小碗，板栗 10 颗。

辅料：盐适量。

清热冬瓜粥

主料： 大米100克，冬瓜100克。

辅料： 盐、葱各适量。

1. 冬瓜去皮洗净，切块待用；大米洗净，浸泡30分钟。

2. 锅内注入足量清水，加入大米、冬瓜同煮成粥。

3. 加入盐和葱末调味即可。

【营养功效】 冬瓜对防治高血压、动脉粥样硬化、过度肥胖有良好的效果。

小贴士

《本草纲目》认为冬瓜瓤可以"祛黑斑，令人悦泽白皙"。

鸡肝玉米粥

主料： 大米100克，鸡肝2个。

辅料： 玉米粒、盐各适量。

1. 大米洗净，浸泡30分钟；玉米粒洗净；鸡肝去筋洗净切片。

2. 煮沸足量清水，加入大米、玉米粒煮至粥成。

3. 加入鸡肝，待沸后加盐调味即可。

【营养功效】 肝中铁质丰富，是最常用的补血食物。

小贴士

《本草汇言》中记载："鸡肝，补肾安胎，消疳明目之药也。"

茄子粥

1. 茄子洗净，切粒待用；姜切末；葱切末。

2. 锅内注入足量清水，加入大米煨煮成稠粥，最后拌入茄子粒、肉末煮沸，加盐、味精、料酒、食用油、姜末调味，撒上葱末即可。

【营养功效】 茄子所含维生素 P 能维持心血管系统的正常功能。

小贴士

　消化不良、容易腹泻的人不宜多食茄子。

主料：大米 100 克，茄子 200 克，肉末 50 克。

辅料：葱、姜、食用油、料酒、盐、味精各适量。

猴头菇粥

制作方法

1. 猴头菇用温水泡发，洗净切碎，剁成糜糊状；大米洗净，浸泡 30 分钟；姜切末；葱切末。

2. 锅内注入足量清水，加入大米煮沸，再加入猴头菇糜糊改小火煨煮成黏稠粥。

3. 加入葱末、姜末、盐、味精拌匀即成。

【营养功效】 猴头菇有健胃补虚、益肾利精之功效。

小贴士

　食用猴头菇要经过洗涤、涨发、漂洗和烹制四个阶段。

主料：大米 100 克，猴头菇 150 克。

辅料：葱、姜、盐、味精各适量。

海带粥

主料：大米 100 克，海带 60 克。

辅料：陈皮、葱、味精、盐、香油各适量。

1. 海带浸透，洗净切丝；大米洗净，浸泡 30 分钟；陈皮浸软；葱切末。

2. 锅内注入足量清水，加入大米煮沸，转小火煲成粥。

3. 加入陈皮、海带再煲 10 分钟，加盐、味精、香油调味，撒上葱末即可。

【营养功效】 常吃海带能够预防动脉硬化，减少胆固醇与脂肪的积聚。

小贴士

《本草经疏》谓之："咸能软坚，寒能除热散结，故主十二种水肿、瘰疬。"

姜芝枸杞子粥

主料：大米 100 克，生姜 20 克，枸杞子 30 克，灵芝 20 克。

辅料：核桃仁、黑芝麻、红糖各适量。

1. 生姜洗净，切丝；大米洗净，浸泡 30 分钟。

2. 枸杞子、灵芝、核桃仁、黑芝麻洗净，连同大米和清水入锅烧开。小火煮至米烂汤稠，表面浮油，再下姜丝稍煮片刻。

3. 加红糖煮溶即可。

【营养功效】抗癌解毒。

小贴士

脾胃有寒，痰冷癖者勿食。

红枣银耳粥

制作方法

1. 银耳泡软，择洗净；红枣洗净，泡软去核；莲子、枸杞子分别洗净，泡软备用。

2. 煮沸足量清水，加入米饭、银耳、红枣、莲子、枸杞子搅拌熬煮成粥。

3. 加入冰糖拌匀溶化即可。

【营养功效】 适量食用莲子有补脾止泻、益肾固精、养心安神之效。

小贴士

莲心虽苦，但营养丰富。莲子用于保健药膳时，一般不弃用莲心。

主料：米饭1碗，银耳、红枣各25克。

辅料：冰糖、莲子、枸杞子各适量。

裙带菜粥

制作方法

1. 大米洗净，加入适量食用油、盐浸泡2小时；裙带菜洗净切丝。

2. 炒锅倒食用油烧热，放入裙带菜略炒片刻，再加水熬汤。

3. 将大米加入裙带菜汤中，熬煮成粥，加盐调味，淋香油即可。

【营养功效】 裙带菜营养高热量低，易达到减肥、清理肠道、保护皮肤的效果。

小贴士

裙带菜主要包括淡干裙带菜、灰干裙带菜等。

主料：大米300克，裙带菜200克。

辅料：香油、盐、食用油各适量。

芹菜粥

主料： 大米 100 克，芹菜 150 克。

辅料： 盐适量。

1. 大米洗净，浸泡 30 分钟；芹菜洗净，切粒待用。

2. 锅内注入足量清水，加入大米、芹菜粒共煮成粥。

3. 加盐调味即可。

【营养功效】 芹菜含铁量较高，食之能避免皮肤苍白、干燥等。

小贴士

芹菜叶中的营养成分高于芹菜茎，烹饪时不可丢弃。

青菜香菇粥

主料： 大米 100 克，青菜 300 克，香菇 30 克。

辅料： 盐适量。

制作方法

1. 大米洗净，浸泡 30 分钟；青菜洗净，捞出切碎；香菇浸透，切粒待用。

2. 锅中注入足量清水，加入大米、香菇粒煮40 分钟。

3. 加入青菜碎和盐，拌煮 10 分钟即可。

【营养功效】 香菇有补气益胃、托疮排毒的功效。

小贴士

选购时可从香菇蒂的粗细长短来判断菇身的厚薄。

黑豆桂圆粥

制作方法

1. 大米洗净，浸泡 30 分钟，沥干待用；桂圆肉、黑豆分别洗净，浸泡待用；姜洗净，去皮拍碎。

2. 锅中注入适量清水，加入大米以大火煮沸。

3. 加入桂圆肉、黑豆、蜂蜜、姜碎改小火煮至粥成即可。

【营养功效】 黑豆营养丰富，对防治中老年骨质疏松很有帮助。

小贴士

桂圆肉性热助火，即使冬天也不宜一次过量食用。

主料: 大米 150 克，桂圆肉 100 克。

辅料: 黑豆、姜、蜂蜜各适量。

苦瓜粥

制作方法

1. 苦瓜洗净，去瓤切片；大米洗净，浸泡 30 分钟。

2. 锅内注入足量清水，加入大米、苦瓜片、冰糖、盐熬煮成粥即可。

【营养功效】 苦瓜所含的"高能清脂素"，可阻止人体对脂肪的吸收。

小贴士

苦瓜虽苦，却从不会把苦味传给"别人"，故有"君子菜"之称。

主料: 大米 60 克，苦瓜 100 克。

辅料: 冰糖、盐各适量。

银耳鸡蛋玉米粥

主料：甜玉米 100 克，银耳 30 克，鸡蛋 1 个。

辅料：淀粉、冰糖各适量。

1. 甜玉米洗净剥粒；银耳洗净，浸泡去根，撕碎待用；鸡蛋打散待用；淀粉加适量清水拌匀。

2. 锅中注入适量清水，加入玉米粒以大火煮沸，再放入银耳以小火煮熟。

3. 加冰糖调味，倒入鸡蛋液、水淀粉拌匀即可。

【营养功效】银耳有强精、补肾、润肺、生津、止咳、清热、养胃之功效。

小贴士

　　历代皇家贵族都视银耳为"延年益寿之品"、"长生不老良药"。

麦门冬粥

主料：大米 100 克，麦门冬 30 克。

辅料：冰糖适量。

1. 麦门冬切碎，加适量清水浸泡 2 小时，煎煮 40 分钟，滤取药汁；大米洗净，浸泡 30 分钟。

2. 锅内注入适量清水，加入大米用大火煮沸，转小火煎熬 15 分钟。

3. 倒入麦门冬汁和少量冰糖，拌煮 20 分钟即可。

【营养功效】滋阴润肺，益胃生津。

小贴士

　　适合于口干舌燥、面部皮肤干燥的女性。

冬黄粥

【制作方法】

1. 黄瓜洗净切片；冬瓜去皮，洗净切片；大米洗净，浸泡待用；姜洗净拍碎；葱洗净切末。

2. 锅中煮沸适量清水，加入大米、姜碎以大火烧沸，再转小火慢煮至米烂。

3. 锅内加入黄瓜片、冬瓜片，以大火煮至瓜熟粥成，加盐调味，撒上葱末即可。

【营养功效】 黄瓜纤维丰富、娇嫩，食之能促进排泄肠内毒素。

小贴士

黄瓜不宜与番茄同食，否则会分解破坏后者含有的维生素C。

主料： 大米100克，黄瓜150克，冬瓜150克。

辅料： 姜、葱、盐各适量。

八宝粥

【制作方法】

1. 糯米洗净，冷水浸泡3小时，捞出沥干，加适量清水煮熟，盛起待用。

2. 赤豆、莲子、花生米分别洗净，浸泡回软，加适量清水煮至软熟。

3. 倒入糯米粥，加入桂圆肉、枣干、松子煮至浓稠状，再放入葡萄干、糖拌煮15分钟即可。

【营养功效】 每天摄入400卡热量的葡萄干，就能有效降低血中胆固醇，并有效抑制坏胆固醇的氧化。

小贴士

八宝粥是从腊八粥演变而来的。

主料： 糯米80克，赤豆100克，花生米、葡萄干、莲子、松子、枣干、桂圆肉各50克。

辅料： 糖适量。

潮州白粥

主料： 大米 200 克。

辅料： 咸菜（萝卜、大芥菜）适量。

制作方法

1. 大米淘净，浸泡 30 分钟。

2. 沙锅内放适量清水，大火煮沸，加大米煮沸，转小火煮 30~40 分钟，期间多搅拌几次，直至粥成。

3. 食用时，配咸菜同食。

【营养功效】 芥菜含有维生素 A、B 族维生素、维生素 C 和维生素 D，有提神醒脑等功效；芥菜含有大量的抗坏血酸，是活性很强的还原物质，参与机体重要的氧化还原过程，能增加大脑中氧含量，激发大脑对氧的利用，有提神醒脑，解除疲劳的作用。

小贴士

咸菜制作方法：先把萝卜、大芥菜洗干净，用热水稍微氽过，以 100∶7 的比例调配菜与盐的分量，腌 2~3 天，在通风的地方晒干。

红薯西米粥

主料： 大米 100 克，西米 50 克。

辅料： 红薯、糖各适量。

制作方法

1. 大米、西米分别洗净；红薯去皮洗净，切粒待用。

2. 锅中注入适量清水，加入大米、西米、红薯粒，以中火熬至米烂成粥。

3. 加入糖调味即可。

【营养功效】 红薯可用于脾虚气弱、大便秘结、肺胃有热、口渴咽干等症。

小贴士

西米主要用于甜品、奶茶以及粥水的制作。

花生玉米粥

制作方法

1. 花生米洗净，加水煮 10 分钟后去皮待用；玉米洗净剥粒，放入搅拌机搅成碎粒待用。

2. 锅中注入适量清水，加入花生米、赤豆煮沸，改小火煮 30 分钟。

3. 放入玉米碎煮烂，待花生米、赤豆酥软后加入冰糖、桂花糖煮溶即可。

【营养功效】　花生蛋白质中含的氨基酸可以促使脑细胞发育、提高儿童智力、增强记忆力，并能防止人的过早衰老。

小贴士

患痢疾、肠炎等脾胃功能不良者不宜食用。

主料：玉米 50 克，花生米 50 克，赤豆 30 克。

辅料：桂花糖、冰糖各适量。

松仁大米粥

制作方法

1. 松仁洗净研碎；大米洗净，浸泡待用。

2. 锅中煮沸适量清水，加入大米、松仁以中火煮沸，改小火慢熬至熟成粥。

3. 调入适量蜂蜜，撒上葱花即可。

【营养功效】　常食松仁可降低胆固醇，防衰抗老，强健身体，美容润肤。

小贴士

松子长期被称为"长寿果"和"坚果中的鲜品"。

主料：大米、松仁各 50 克。

辅料：葱、蜂蜜适量。

椰浆紫米粥

主料： 紫糯米 150 克。

辅料： 椰浆、冰糖各适量。

制作方法

1. 紫糯米浸泡 12 小时。

2. 水开后加入紫米煮沸，转小火煮 30 分钟，加入冰糖煮溶。

3. 加入适量椰浆调味即可。

【营养功效】 紫糯米即黑糯米。钙含量尤为丰富，常食可补骨健齿。

小贴士

紫糯米从宋代起即为"贡米"，是御餐中的珍品。

黄芪粥

主料： 大米 50 克，黄芪 30 克。

辅料： 陈皮、葱各适量。

制作方法

1. 大米洗净，浸泡 30 分钟；黄芪洗净，煮汁待用。

2. 锅中注入适量清水，加入大米、黄芪汁共煮成粥。

3. 粥成之后加入陈皮、葱末煮沸即可。

【营养功效】 黄芪有增强机体免疫功能、保肝利尿、降压和较广泛的抗菌作用。

小贴士

黄芪是百姓经常食用的纯天然品，产于中国华北诸省。

洋葱花粉粥

制作方法

1. 玉米洗净剥粒；洋葱去根、头，洗净后用温开水稍冲，切丝后加适量盐腌渍 15 分钟。

2. 锅中注入适量清水，加玉米粒用大火煮沸，改小火煨煮 20 分钟。

3. 加入洋葱、天花粉、盐拌煮均匀即可。

【营养功效】 洋葱所含的微量元素—— 硒是一种很强的抗氧化剂，能增强细胞的活力和代谢能力。

小贴士

洋葱不宜过量食用，以免引起视力模糊。

主料：玉米 100 克，洋葱 150 克，天花粉 10 克。

辅料：盐适量。

吴茱萸粥

制作方法

1. 大米洗净，浸泡 30 分钟；吴茱萸研为细末待用。

2. 锅内注入足量清水，加入大米煮粥。

3. 粥成后下吴茱萸末、姜片、葱白，煮熟即可。

【营养功效】 吴茱萸有健胃镇痛、止呕止嗳以及抑制大肠杆菌的作用。

小贴士

吴茱萸别名吴萸、茶辣、漆辣子、臭辣子树、左力纯幽子、米辣子等。

主料：大米 50 克，吴茱萸 2 克。

辅料：姜、葱各适量。

清淡粳米粥

主料：粳米 50 克，西米 10 克。

辅料：糖适量。

制作方法

1. 将粳米和西米分别淘洗净。

2. 锅内加水，投入粳米和西米煮约半小时。

3. 加入糖，调好味即可。

【营养功效】 此粥具有补脾、和胃、清肺的功效。

小贴士

不能长期食用精米熬成的粥，应当粗细粮结合，才能营养均衡。

美颜红枣粥

主料：大米 100 克，红枣 50 克，枸杞子 15 克。

辅料：糖适量。

制作方法

1. 大米洗净，浸泡 30 分钟；枸杞子、红枣分别洗净；红枣去核切片。

2. 锅中注入适量清水，加入大米、枸杞子、红枣煲至浓稠。

3. 加入糖调匀即可。

【营养功效】 红枣为补养佳品，食疗药膳中常加入红枣能补养身体，滋润气血。

小贴士

中国种植红枣的历史至少已有 8000 年以上。

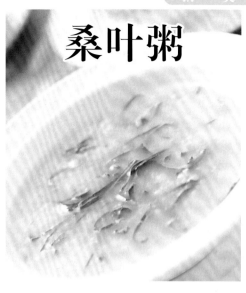

桑叶粥

制作方法

1. 大米洗净，浸泡30分钟；鲜桑叶、荷叶分别洗净，撕碎待用。

2. 锅中注入适量清水，加入鲜桑叶、荷叶煎汤待用。

3. 大米加入汤汁中煮成粥，加入糖调味即可。

【营养功效】桑叶有抗病原微生物的作用；荷叶清热解毒，凉血止血。

 小贴士

桑叶为桑科植物桑的干燥老叶。中国大部分地区多有生产。

主料： 大米100克，鲜桑叶100克。

辅料： 鲜荷叶、糖各适量。

当归粥

制作方法

1. 将当归、姜片置入沙锅，加清水适量煎90分钟，除去药渣，留取汤汁；大米洗净，浸泡30分钟待用。

2. 锅中注入适量清水，加入汤汁、大米共煮成粥。

3. 粥成时调入蜂蜜即可。

【营养功效】当归有活血调经、止痛润肠之效。

小贴士

此粥尤其适宜经期期间的女性。

主料： 大米100克，当归20克。

辅料： 姜、蜂蜜各适量。

杏仁粥

主料：大米 50 克，甜杏仁 10 克。
辅料：冰糖适量。

1. 甜杏仁洗净，研至泥状。

2. 大米洗净，浸泡 30 分钟。

3. 锅中注入适量清水，加入大米、杏仁泥煮沸；改小火煮烂，再加冰糖煮溶即可。

【营养功效】适量地食用杏仁可以有效地控制人体内胆固醇的含量。

小贴士

常食此粥可耳聪目明，思维敏捷，延年益寿。

养生枸杞子粥

主料：大米 100 克，枸杞子 20 克。
辅料：葱、盐、味精各适量。

制作方法 ⚬⚬

1. 大米洗净，加入锅中煮至半熟。

2. 枸杞子洗净，加入半熟米粥煮熟。

3. 食用时撒上葱末，加盐、味精调味即可。

【营养功效】枸杞子具有抗衰老、抗突变、抗脂肪肝、降血糖等作用。

小贴士

感冒发烧、发炎、腹泻患者不宜食用枸杞子。

舒肝梅花粥

【制作方法】

1. 大米淘洗净，加入锅中小火熬煮成粥。
2. 梅花洗净，加入粥中煮 2~3 分钟。
3. 食用时加盐调味即可。

【营养功效】梅花有疏肝解郁、开胃化痰、平和五脏之效。

小贴士

梅花主治肝胃气痛、郁闷心烦、瘰疬疮毒等症。

主料：大米 80 克，梅花 5 克。
辅料：盐适量。

沙锅花蟹粥

【制作方法】

1. 将大米淘洗干净，加入盐，食用油拌匀，浸泡 30 分钟；膏蟹洗净，斩成块，加入料酒拌匀，腌渍片刻，再下入沸水中汆去腥味，捞出备用。
2. 沙锅内放适量清水，大火煮沸，加入大米、姜片、膏蟹，用大火煮沸，再烹入料酒，转小火熬煮 2 小时。
3. 待粥将成时，捞出姜片，淋入熟猪油，加盐、味精、胡椒粉、葱末拌匀即可。

【营养功效】蟹肉含有丰富的蛋白质及微量元素，对身体有很好的滋补作用。

小贴士

螃蟹清洗：先在螃蟹桶里倒入少量的白酒去腥，等螃蟹略有昏迷的时候用锅铲的背面将螃蟹拍晕，用手迅速抓住它的背部，拿刷子刷净即可。

主料：大米 150 克，活膏蟹 1 只。
辅料：葱末、姜、盐、味精、料酒、胡椒粉、熟猪油、食用油各适量。

黄芪人参粥

主料: 大米 90 克, 黄芪 30 克, 人参 10 克。

辅料: 糖适量。

制作方法

1. 黄芪、人参分别洗净切片, 浸泡 30 分钟; 大米洗净, 浸泡 30 分钟待用。

2. 锅中注入适量清水, 加入黄芪、人参煎汁, 倒取汤汁; 锅中再加清水二次煎汁。

3. 混合两次汤汁, 分为两份, 分别加入米、水共煮成粥, 加糖调味即可。早晚各一次。

【营养功效】 人参能调节中枢神经系统, 改善大脑的兴奋与抑制过程。

小贴士

秦汉时期的《神农本草经》将人参列为药中上品。

无花果粥

主料: 大米 50 克, 鲜无花果 30 克。

辅料: 冰糖适量。

制作方法

1. 鲜无花果洗净, 切碎待用; 大米洗净, 浸泡 30 分钟。

2. 锅中注入适量清水, 加入大米煮沸, 再放入无花果煮至粥熟。

3. 加入冰糖煮溶即可。

【营养功效】 此粥清热生津, 健脾开胃, 解毒消肿。

小贴士

临睡前切新鲜无花果片覆于眼部, 可减轻眼袋。

菟丝子粥

制作方法

1. 菟丝子捣碎，加清水煎汁去渣；大米洗净，浸泡30分钟。

2. 大米连同菟丝子汁入锅以大火煮沸，改小火煎15分钟。

3. 加入糖，稍煮即可。

【营养功效】 菟丝子可补肝肾，益精髓，养肌强阴，坚筋骨，益气力，肥健人。

小贴士

菟丝子分为大粒菟丝子和菟丝子两种。

主料： 大米100克，菟丝子30克。

辅料： 糖适量。

核桃仁粥

制作方法

1. 大米洗净，浸泡30分钟；核桃仁洗净，捣碎待用。

2. 锅中注入适量清水，加入大米、核桃以大火煮沸。

3. 转小火慢熬20~30分钟，煮至米粥烂熟即可。

【营养功效】 核桃含有蛋白质、脂肪油等，常食可补肾助阳，补肺敛肺。

小贴士

核桃又称胡桃、羌桃，与扁桃、腰果、榛子一起并列为世界四大坚果。

主料： 大米100克。

辅料： 核桃仁适量。

黑芝麻红枣粥

主料： 大米 50 克，黑芝麻 25 克，红枣 25 克。

辅料： 糖适量。

制作方法

1. 大米洗净，浸泡待用；红枣洗净，去核蒸熟；黑芝麻洗净。

2. 锅内注入适量清水，加入大米以大火煮沸，改中火煮约 15 分钟，加入红枣，续煮 10 分钟至米熟。

3. 关火前加入糖调味，撒上黑芝麻即可。

【营养功效】 常吃黑芝麻可以帮助预防和治疗胆结石。

小贴士

一些无良商人常将白芝麻染黑冒充黑芝麻，消费者在购买前应当分辨清楚。

何首乌粥

主料： 大米 30 克，何首乌 30 克。

辅料： 红枣、冰糖各适量。

制作方法

1. 何首乌洗净入锅，加水待用，大米洗净，浸泡 30 分钟；红枣洗净待用。

2. 何首乌煎汁去渣，加入大米、红枣共煮成粥。

3. 粥成后加入冰糖煮溶即可。

【营养功效】 何首乌中蒽醌类物质具有降低胆固醇、降血糖、强心、促进胃肠蠕动等作用。

小贴士

何首乌为蓼科多年生缠绕藤本植物，其块根、藤茎及叶均可供药用，中药名分别为：何首乌、夜交藤、何首乌叶。

浙贝粥

制作方法

1. 浙贝母洗净去杂，烘干研粉；大米洗净，浸泡30分钟。

2. 锅内注入适量清水，加入大米以大火煮沸，转小火熬煮成粥。

3. 加入冰糖、浙贝母粉煮3分钟即可。

【营养功效】 浙贝母有止咳化痰、清热散结之功效。

小贴士

选购浙贝母时以身干、色白、粉性足、质坚、不松泡、无僵子者为佳。

主料：大米60克，浙贝母10克。
辅料：冰糖适量。

紫苏麻仁粥

制作方法

1. 紫苏、火麻仁分别捣烂，加水研磨，取汁去渣；大米洗净，浸泡30分钟。

2. 紫苏、火麻仁汁连同大米以大火烧沸。

3. 转小火熬至粥成即可。

【营养功效】 麻仁有滋阴化燥、润肺利咽之功。

麻仁就是大麻的种子，过量服用容易中毒。

主料：大米100克。
辅料：紫苏、火麻仁各适量。

蒲公英金银花粥

主料: 大米50克,蒲公英60克,金银花30克。

辅料: 冰糖适量。

制作方法

1. 蒲公英、金银花分别洗净;大米洗净,浸泡30分钟。

2. 锅内注入适量清水,加入蒲公英、金银花煎汁,去渣待用。

3. 锅内再注入适量清水,加入药汁、大米熬煮成粥,最后加入冰糖煮溶即可。

【营养功效】 金银花可用于防治感冒风热、发热咽痛等症。

小贴士

选购金银花时以初开、完整、色黄者为佳。

加味天门冬粥

主料: 大米60克,天门冬15克。

辅料: 百合、桔梗、冰糖各适量。

制作方法

1. 天门冬、桔梗、百合分别洗净,入锅待用;大米洗净,浸泡30分钟。

2. 锅中加入适量清水,将天门冬、桔梗、百合煎汁去渣;加入大米熬煮。

3. 粥成时加入冰糖煮溶即可。

【营养功效】 百合有润肺止咳、清心安神之功。

小贴士

选购时,以贵州产的天门冬品质最佳

鱼腥草粥

制作方法

1. 鲜鱼腥草、大米洗净待用。

2. 锅内注入适量清水，加入大米和鲜鱼腥草。

3. 熬煮 30 分钟即可。

【营养功效】适量食用鱼腥草可清热解毒。

小贴士

食用鱼腥草有排脓消痈、利尿通淋、提高人体免疫力的作用。

主料：大米 100 克。

辅料：鲜鱼腥草适量。

黑糯米甜麦粥

制作方法

1. 把黑糯米和小麦洗净，去除杂质，放入 1200 毫升沸水内，用中火煲成稀粥。

2. 加入糖拌匀即成。

【营养功效】暖脾胃，补中益气。

小贴士

消化不良者不宜食用。

主料：黑糯米 100 克，小麦 50 克。

辅料：糖适量。

小米豌豆粥

主料： 小米 50 克，豌豆 40 克。

辅料： 高汤、盐、味精各适量。

制作方法

1. 豌豆、小米洗净。

2. 锅置火上，倒入高汤煮沸，放入豌豆，用大火煮沸后再转小火略煮片刻，将豌豆捞起备用。

3. 小米下入沸水中煮沸，加入豌豆煮熟，用盐、味精调味即可。

【营养功效】 吃豌豆有提高机体抗病能力、促进肠道蠕动、保持大便通畅的作用。

小贴士

豌豆多食会发生腹胀，故不宜长期大量食用。

山楂黑枣粥

主料： 大米 100 克，山楂 40 克，黑枣 8 枚。

辅料： 冰糖适量。

制作方法

1. 大米洗净，浸泡待用；山楂、黑枣分别洗净待用。

2. 锅中加入适量清水煮沸，放入山楂、黑枣、大米煮沸，期间注意搅拌。

3. 改中小火熬煮 30 分钟，加入冰糖煮溶即成

【营养功效】 黑枣能提高人体免疫力，有交防治动脉粥样硬化。

小贴士

优质黑枣皮色乌亮有光，黑里泛红，皮色乌黑者为次，色黑带萎者更次。

制作方法

1. 大米洗净，浸泡待用；姜洗净，去皮切丝。

2. 锅内注入适量清水，加入大米煮沸，再放入生地黄、姜丝一起煮成稀粥。

3. 食用时加糖调味即可。

生地黄粥

【营养功效】生地黄对热风伤阴、舌绛烦渴、吐血、咽喉肿痛等症有一定疗效。

小贴士

生地黄直接由新鲜地黄块根制成，是很好的清热凉血药。

主料： 大米 100 克，生地黄 20 克。

辅料： 姜、糖各适量。

制作方法

1. 冬瓜去皮切丁；大米、赤豆洗净待用。

2. 将大米、赤豆放入锅中加水煮沸后，改成小火煮至粥烂。

3. 放入冬瓜稍煮，再加冰糖调味即成。

冬瓜赤豆粥

【营养功效】此粥清热解毒、利水消痰。

小贴士

慢性肾炎、脾肾虚寒者不宜食用。

主料： 大米 100 克，冬瓜 50 克，赤豆 30 克。

辅料： 冰糖适量。

陈皮粥

主料： 大米 50 克。

辅料： 陈皮适量。

【营养功效】陈皮味苦性温，易溶于水，有助于食物的消化和吸收。

小贴士

陈皮偏于干燥，有干咳无痰、口干舌燥等症状的阴虚体质者不宜多食。

制作方法

1. 陈皮洗净，切碎待用；大米洗净，浸泡待用。

2. 锅内注入适量清水，加入大米、陈皮以大火煮沸。

3. 转小火熬煮成粥即可。

制作方法

1. 大米、糯米洗净，浸泡 2 小时；南瓜、胡萝卜去皮，切小块。

2. 锅烧热水，倒入浸泡的米，熬煮 40 分钟。

3. 放入南瓜块和胡萝卜块，继续边搅拌边熬煮 30 分钟至软烂即可。

【营养功效】此粥可使大便通畅，肌肤丰美。

小贴士

服用中药期间不宜食用。

胡萝卜南瓜粥

主料：大米、糯米各 50 克。

辅料：南瓜、胡萝卜各适量。

制作方法

1. 大米淘净，加水以大火煮沸，煮沸后转小火煮至米粒熟软。

2. 皮蛋剥壳，切块，加入粥中煮约 5 分钟，加盐调味。

3. 葱洗净，切末，撒在粥上面即可。

【营养功效】此粥开胃助食，防止疲劳。

小贴士

此粥尤其适合营养过剩者及患心血管疾病的中老年人食用。

葱花皮蛋粥

主料：皮蛋 2 个，大米 50 克，葱 30 克。

辅料：盐适量。

鹌鹑蛋薏米粥

主料: 鹌鹑蛋 4 个,桂圆肉 20 克,薏米 30 克。

辅料: 红枣、红糖各适量。

制作方法

1. 薏米洗净放锅里加水煮,烧开后,调中火煮 90 分钟,

2. 把鹌鹑蛋水煮一下,然后剥皮,备用。

3. 等 60 分钟后加入适量的红糖、红枣、桂圆肉,然后加入鹌鹑蛋,再煮 20 分钟即可。

【营养功效】 清热排脓、清利湿热。

小贴士

鹌鹑蛋的营养价值不亚于鸡蛋,有较好护肤、美肤作用。

芹菜小米粥

主料: 小米 100 克,芹菜 100 克,熟牛肉 50 克,猪油 20 克。

辅料: 盐、味精各适量。

制作方法

1. 芹菜洗净,切粗粒;熟牛肉切成粗米粒状。

2. 小米淘洗净,放入锅内加清水上火烧沸,待米粒煮开花时,加入芹菜粒、熟牛肉粒继续熬煮成粥。

3. 加盐、味精调味即可。

【营养功效】 平肝清热,止咳,健胃,降压降脂。

小贴士

适合高血压、动脉硬化、高血糖、缺铁性贫血者和经期女性食用。

制作方法

1. 将冬瓜皮洗净、切片，用干净纱布包好；黑豆、大米去杂，洗净。

2. 锅内加水适量，放入冬瓜皮袋、黑豆煎煮20分钟。

3. 拣出冬瓜皮袋，加入大米熬煮，煮熟即成。

【营养功效】清热解毒，利尿消肿。

小贴士

尤其适合糖尿病患者、糖耐量异常者和希望控制血糖的人食用。

冬瓜皮黑豆粥

主料：大米 100 克。
辅料：冬瓜皮、黑豆各适量。

制作方法

1. 将莲子、山药、红枣及糯米分别洗净，一同放入锅中，加适量水，小火熬煮成粥。

2. 加入白糖，调匀即可。

【营养功效】健脾止泻，益气养心。

小贴士

糯米难消化，老人、小孩或脾胃虚弱者慎食。

糯米莲子粥

主料：莲子 20 克，山药 25 克，红枣 20 克，糯米 50 克。
辅料：白糖适量。

南瓜大麦粥

主料: 大麦 150 克, 南瓜 200 克, 红枣 15 克。

辅料: 糖适量。

制作方法

1. 大麦洗净后, 用温水浸泡 2 小时, 捞出, 沥干水分。

2. 南瓜去皮切丁; 红枣洗净去核。

3. 锅中加入适量清水, 煮沸后放入大麦。

4. 用大火熬煮, 加入红枣, 改小火煮至大麦裂开, 加入南瓜丁, 续煮至大麦熟透, 加糖拌匀即可。

【营养功效】 润肺益气, 化痰排浓。

小贴士

脾虚而湿阻气滞, 痞闷胀满者不宜食此粥。

竹笋鲜粥

主料: 竹笋、香菇、虾米各 10 克, 胡萝卜 40 克, 猪腿肉 100 克, 米粥 1 碗。

辅料: 大骨高汤、盐、白胡椒粉、食用油、芹菜各适量。

制作方法

1. 竹笋、香菇、胡萝卜、猪腿肉切丝, 入滚水汆烫捞起。

2. 炒锅置火上加食用油烧热, 入虾米以中火煸炒, 入以上各种丝、大骨高汤, 以中火煮滚。

3. 入米粥、盐、白胡椒粉搅拌均匀, 起锅盛入容器时, 撒入芹菜末即可。

【营养功效】 开胃健脾, 促进消化。

小贴士

尤其适用于糖尿病及久泻久痢、脱肛等症患者食用。

冬菜粥

制作方法

1. 温水稍泡干冬菜，洗净切细；大米洗净，浸泡半小时，捞出，沥干。

2. 取锅入冷水、大米、干冬菜，用大火煮沸。

3. 改用小火煮至粥成，调入盐、葱末，即可。

【营养功效】健脾开胃，食之对大脑颇有益。

小贴士

滋阴开胃利膈，健脾和胃化痰。

主料：大米 150 克，干冬菜 50 克。

辅料：盐、葱各适量。

甘蔗粥

制作方法

1. 大米洗净，浸泡待用；鲜芦根加水以大火煮沸，转小火煮 15 分钟，去渣留汁。

2. 锅内加入大米、芦根汁和甘蔗汁。

3. 用小火煮成稀粥即可。

【营养功效】益气补脾，和中下气。

小贴士

适用于阴虚肺燥所致的咳嗽、胃阴不足所致的呕吐等。

主料：大米 50 克，鲜芦根 50 克。

辅料：新鲜甘蔗榨取汁适量。

陈皮香蕉粥

主料：陈皮 20 克，香蕉 100 克，大米 50 克。

辅料：冰糖适量。

1. 大米洗净，陈皮切碎，加水放入锅，大火煮沸，转小火。

2. 待煮至黏稠，加冰糖，煮至冰糖溶化，放入香蕉段，稍煮一下即可。

【营养功效】补中益气，健脾养胃。

小贴士

香蕉性寒，体质偏于虚寒者慎食。

养生菇粥

主料：米粥半碗，草菇 10 克，金针菇 50 克，小黄瓜 20 克。

辅料：素高汤、盐、枸杞子各适量。

1. 将草菇洗净，小黄瓜切丝，金针菇切段。

2. 把主料放入滚水中汆烫捞起备用。

3. 锅内倒入素高汤、草菇、金针菇、枸杞子和米粥，煮沸后转小火煮 10 分钟，加入盐调味即可。

【营养功效】 此粥有助于儿童生长发育，抵抗疲劳。

小贴士

脾胃虚寒者不宜食。

山药粥

制作方法

1. 山药去皮洗净，切条，入滚水中汆烫；葱切成葱末；紫菜泡软；韭菜花切段。

2. 取汤锅，入高汤、韭菜花、山药、紫菜以中火煮5分钟，加稠米粥和盐拌匀煮沸。

3. 起锅盛入容器时，撒入葱末即可。

【营养功效】 此粥有维持视紫质正常的效能。

小贴士

尤其适宜皮肤粗糙和便秘者食用。

主料： 稠末粥半碗，山药150克，韭菜花150克。

辅料： 高汤、紫菜、盐、葱各适量。

油条蔬菜粥

制作方法

1. 油条切段，圣女果切两瓣；西蓝花切朵；胡萝卜切条后汆水烫透。

2. 锅中放入高汤，下入姜末用大火煮沸，再下稠米粥。

3. 再次沸腾后，加入油条、圣女果、西蓝花、胡萝卜及盐、味精，转小火煮，搅拌均匀至粥煮滚即可。

【营养功效】 益肝明目，利膈宽肠。

小贴士

尤其适宜高血压、夜盲症患者食用。

主料： 稠米粥1碗，油条1根，高汤500毫升。

辅料： 盐、味精、圣女果、西蓝花、胡萝卜、姜各适量。

烧鸭粥

主料: 大米 150 克, 烧鸭肉 150 克。

辅料: 干贝 20 克, 香菜、葱花、食用油、生抽各适量。

制作方法

1. 大米洗净, 浸泡 30 分钟; 干贝用温水泡发撕碎; 烧鸭去骨, 切块。

2. 沙锅内加适量清水, 煮沸, 加大米、干贝, 大火煮沸, 转小火煮至粥成。

3. 再加烧鸭肉煮沸, 食用时加香菜、葱花、食用油、生抽调味即可。

【营养功效】补血行水, 养胃生津。

小贴士

高血压、心血管病患者少食。

山药南瓜粥

主料: 大米 50 克, 山药 30 克, 南瓜 30 克。

辅料: 盐适量。

制作方法

1. 大米洗净, 用冷水浸泡半小时, 捞出沥干; 山药去皮洗净, 切块; 南瓜洗净, 切丁。

2. 锅内注入冷水, 将大米下锅, 用大火煮沸, 然后放入山药、南瓜, 改小火续煮。

3. 待米烂粥稠时下盐调味即可。

【营养功效】提高人体免疫功能, 促进血液循环。

小贴士

山药与甘遂不要一同食用。

蜜饯胡萝卜粥

制作方法

1. 胡萝卜洗净，加适量清水用果汁机打碎制成蓉。

2. 锅中放入稠米粥，加胡萝卜蓉煮沸。

3. 再加入蜜饯及冰糖转小火慢煮 20 分钟即可。

【营养功效】益肝明目，利膈宽肠。

小贴士

尤其适宜癌症、高血压、夜盲症患者食用。

主料：稠米粥 1 碗，蜜饯 50 克，胡萝卜 50 克。

辅料：冰糖适量。

荷兰豆豆腐粥

制作方法

1. 大米浸泡 30 分钟；大麦浸泡 8 小时；豆腐切丁；猪肉馅加油、葱、姜末、料酒、酱油炒熟。

2. 锅中加入大米、大麦、清水烧沸，转小火煮 45 分钟。

3. 下荷兰豆、豆腐丁和炒好的猪肉馅继续煮 10 分钟，加入盐、味精搅拌均匀，见粥黏稠，撒上葱末即可。

【营养功效】抗菌消炎，增强新陈代谢。

小贴士

肥胖、血脂过高、冠心病、高血压者慎食。

主料：大米、豆腐各 100 克，大麦、荷兰豆各 50 克，猪肉馅 25 克。

辅料：盐、味精、葱、姜、食用油、料酒、酱油各适量。

薏米赤豆南瓜粥

主料: 赤豆、薏米、南瓜各30克。

辅料: 清水适量。

制作方法

1. 将南瓜去皮、瓤、籽,洗净后切成块,备用。

2. 赤豆和薏米对等分量提前用水泡3小时以上。

3. 将赤豆和薏米一起下锅,加清水适量,用大火煮沸,再转小火熬煮,快熟时放入南瓜块同煮,直至熟烂即可。

【营养功效】 促消化,起到瘦身的作用。

小贴士

阴虚津枯者忌食。

豆腐薏米粥

主料: 薏米30克,糯米20克,嫩豆腐100克,红枣25克。

辅料: 冰糖适量。

制作方法

1. 薏米、糯米洗净;豆腐洗净切成小丁;红枣洗净、泡涨。

2. 锅中放入清水烧沸,放入薏米、糯米、红枣烧沸,转小火熬煮约30分钟。

3. 放入豆腐、冰糖,再煮约15分钟,至熟烂入味即可。

【营养功效】 薏米和豆腐搭配成粥,能焕白肌肤,是美容养颜之补品。

小贴士

孕妇早期忌食。

益脑舒眠粥

制作方法

1. 大米洗净，用水浸泡 4 小时。

2. 锅内入适量水，放入泡好的米用大火煮沸，再转小火煲至黏稠。

3. 加入桂圆肉及适量冰糖煮 10 分钟即可。

【营养功效】 有滋补强体、养血壮阳、益脾开胃等功效。

小贴士

虚火偏旺、风寒感冒者及孕妇不宜食。

主料： 桂圆肉 50 克，大米 100 克。

辅料： 冰糖适量。

皮蛋鸡糜燕麦粥

制作方法

1. 将鸡肉剁成糜；皮蛋切成小块。

2. 在小锅中加入水和燕麦片，开火，并加入准备好的鸡肉糜和皮蛋块。

3. 煮沸后转中火约煮 1 分钟。依个人喜好用少量盐、味精调味即成。

【营养功效】 益五脏，补虚损，健脾胃，强筋骨。

小贴士

患胆囊炎、胆石症者忌食。

主料： 鸡肉 20 克，燕麦片 40 克，皮蛋 1 个。

辅料： 盐、味精各适量。

豆芽燕麦粥

主料： 鸡肉 20 克，绿豆芽 50 克，燕麦片 40 克。

辅料： 食用油、盐、味精各适量。

制作方法

1. 将鸡肉剁成糜，绿豆芽洗净。

2. 在不粘锅中滴入适量食用油，入鸡肉糜和绿豆芽略翻炒；入水和燕麦片，煮沸后转中火煮 1~2 分钟。

3. 依个人喜好用少量盐或味精调味即成。

【营养功效】清热消肿，滋阴健体。

小贴士

鸡肉忌与鲶鱼一同食用。

鲜菇小米粥

主料： 大米 50 克，小米 100，鲜蘑菇 40 克。

辅料： 葱、盐各适量。

制作方法

1. 鲜蘑菇洗净，在开水中汆一下，捞起切片。

2. 大米、小米分别淘洗净，用冷水浸泡半小时，捞出，沥干水分。

3. 锅中加入水，将大米、小米放入，用大火烧沸，再改用小火熬煮，待再滚起，加入鲜蘑菇拌匀，下盐调味，再煮 5 分钟，撒上葱末，即可。

【营养功效】改善人体新陈代谢，增强体质。

小贴士

尤其适宜高血压、高脂血症及胃炎患者食用。

制作方法

1. 先煮小米，然后放入大米饭，将熟时，倒入杏仁露，煮沸。

2. 临熄火前加入葡萄干即可。

【营养功效】杏仁润肠通便；小米健脾和胃。

小贴士

糖尿病患者忌食葡萄干。

杏香二米粥

主料：小米 50 克，大米饭 50 克，杏仁露 50 毫升。

辅料：葡萄干适量。

制作方法

1. 黑豆、黑米浸泡 1 小时以上，黑枣煮熟搅打成泥状。

2. 山药去皮洗净剁碎，核桃与黑芝麻炒香、搅打成粉，黑豆与黑米放入豆浆机内打碎。

3. 将打碎的黑豆、黑米入锅内加水，加切碎的山药与黑枣泥，用木勺搅拌熬煮。待粥八九成熟时加核桃粉与黑芝麻粉，撒上麦片即可。

【营养功效】健脾益胃，延年益寿。

小贴士

黑米不容易熟烂，最好先打磨成碎粒或者粉状再熬粥。

山药黑米粥

主料：黑米 100 克，黑豆 50 克。

辅料：山药 15 克，无核黑枣 5 个，麦片、黑芝麻、核桃各适量。

黑木耳粥

主料： 黑米 100 克，黑木耳 10 克，红枣 20 克。

辅料： 冰糖适量。

制作方法

1. 黑木耳温水泡发，去蒂、杂质，撕瓣；黑米洗净，浸泡 30 分钟后沥干；红枣洗净，去核。

2. 将黑木耳、黑米和红枣一同放入锅内，加水置大火上烧沸，再转小火慢炖。

3. 直至黑木耳烂熟、黑米成粥后，加入冰糖调味即可。

【营养功效】益气强身，滋肾养胃。

小贴士

尤其适宜老年人食用。

红薯萝卜粥

主料： 红薯 200 克，白萝卜 50 克，花生米 10 克。

辅料： 盐适量。

制作方法

1. 花生去皮，压碎；红薯去皮，切滚刀块；白萝卜去皮，切丝备用。

2. 将花生碎、红薯块放进锅内，加适量清水，大火烧沸后转小火慢熬。

3. 煮到快熟的时候，加适量盐，放入萝卜丝，再煮 10 分钟即可。

【营养功效】健胃消食，化痰止咳。

小贴士

脾虚泄泻者慎食或少食。

紫米蔬菜粥

制作方法

1. 紫米、胚芽米洗净，浸泡6小时；红薯去皮切丁；生菜洗净切丝；银鱼洗净。

2. 锅内倒入紫米、胚芽米和高汤，大火煮20分钟，再入红薯丁，续煮约6分钟。

3. 把生菜丝与盐加入煮滚，最后加入银鱼煮熟即可。

【营养功效】润肠通便，预防肥胖。

小贴士

患有青光眼和白内障等眼病患者不宜经常食用。

主料： 紫米、生菜各100克，胚芽米160克，红薯、银鱼各60克。

辅料： 盐、高汤各适量。

洋葱玉米粥

制作方法

1. 洋葱去根、头，洗净，切细丝，放入碗中，用适量盐腌渍15分钟。

2. 玉米粒入沙锅，加水，大火煮沸，改小火煨煮20分钟，待玉米粒酥烂，入洋葱丝，大火煨煮5分钟即可。

【营养功效】生津止渴，降糖降脂。

小贴士

适用于防治糖尿病、高脂血等症。

主料： 洋葱150克、玉米粒100克。

辅料： 盐适量。

包河藕粥

主料： 糯米 500 克，老藕、红糖各适量。

辅料： 食碱适量。

制作方法

1. 老藕去节，洗净；糯米洗净，入大碗，加适量食碱拌匀，干后，灌入藕孔内。

2. 将藕和剩下的米，同入锅内，加开水和适量食碱，烧沸，改小火焖约 1 小时，中间翻动两次，最后入红糖搅匀。

3. 食用时用叉将藕捞出，切片，每碗放藕 3 片，再盛入稀饭即成。

【营养功效】 通便止泻，健脾开胃。

小贴士

产妇不宜过早食用。

丝瓜玉米粥

主料： 丝瓜 500 克，玉米 100 克，虾皮 15 克。

辅料： 葱、姜、盐、味精、料酒各适量。

制作方法

1. 丝瓜去外皮，洗净后切滚刀块。

2. 玉米洗净，入沙锅，加水适量，大火煮沸，改小火煨至酥烂，入丝瓜块及虾皮，加葱末、姜末、盐、味精，并加料酒，拌和均匀。

3. 以小火煨煮片刻即成。

【营养功效】 清热化痰，止渴降糖。

小贴士

体虚内寒、腹泻者不宜多食。

鲜荷莲藕赤豆粥

1. 鲜荷叶洗净，藕去皮洗净切块；赤豆、糯米洗净后用水浸泡 1 小时。

2. 锅置火上，入清水、赤豆，大火煮沸后转小火，熬煮 40 分钟。

3. 将鲜荷叶、藕、糯米放入锅中与赤豆一起煮，开锅后转小火煮 40 分钟即可。

【营养功效】 清热解烦，解渴止呕。

小贴士
体瘦气血虚弱者慎食。

主料：糯米 200 克，赤豆 80 克，鲜荷叶 1 张，藕 1 节。

辅料：清水适量。

赤豆红枣粥

1. 赤豆和红枣淘洗净，放入炖锅中。

2. 加入冷水，水和赤豆的比例大约是 3:1。

3. 小火炖约 1 小时即可。

【营养功效】 补中益气，滋肾暖胃。

小贴士
糖尿病患者忌食。

主料：赤豆、红枣各 100 克。

辅料：清水适量。

赤豆南瓜粥

主料： 南瓜 50 克，米饭 1 碗，赤豆 20 克。

辅料： 清水适量。

制作方法

1. 南瓜去皮洗净切块，入蒸锅蒸 15 分钟，压成南瓜泥。

2. 锅内入南瓜泥和米饭，再入清水、赤豆，大火煮沸后转小火慢煮，煮至黏稠即可。

【营养功效】防治糖尿病，降低血糖。

小贴士

尤其适用于血脂异常者、糖尿病患者。

香菇玉米粥

主料： 水发香菇、玉米各 100 克。

辅料： 葱、姜、盐、味精、五香粉各适量。

制作方法

1. 将水发香菇去杂，洗净，撕碎或切碎，入沸水锅中略烫，捞出。

2. 玉米洗净，入沙锅，加水，大火煮沸，改小火煨至酥烂，入香菇碎，搅拌均匀，续用小火煨煮至沸。

3. 调入葱末、姜末、盐、味精、五香粉，搅拌均匀即成。

【营养功效】开胃健脾，补虚降脂。

小贴士

适用于防治糖尿病、高脂血等症。

南瓜红薯玉米粥

制作方法

1. 玉米面用冷水调匀；红薯丁和南瓜丁洗净备用。

2. 将调好的玉米面与红薯丁、南瓜丁一起倒入锅中，直至煮烂，呈黏稠状。

3. 吃时根据口味加入红糖即可。

【营养功效】润肺利尿，养胃去积。

小贴士

玉米和田螺同食会中毒。

主料：红薯丁、南瓜丁、玉米面各30克。

辅料：红糖适量。

空心菜粥

制作方法

1. 大米洗净后浸泡30分钟。

2. 空心菜、猪瘦肉、葱洗净切碎。

3. 锅里水开后入大米，八成熟时加空心菜、猪瘦肉，再煮至粥熟时加入盐、味精、香油、胡椒粉、淀粉、葱末，拌匀即可。

【营养功效】促进肠蠕动，通便解毒。

小贴士

适用于利产催生及小便不利等。

主料：空心菜200克，大米、猪瘦肉各50克。

辅料：葱、盐、味精、香油、胡椒粉、淀粉各适量。

芝麻何首乌粥

主料： 熟何首乌、红糖各30克，黑芝麻粉100克。

辅料： 水淀粉适量。

制作方法

1. 熟何首乌搅烂，用温水浸泡；黑芝麻粉兑入清水和匀。

2. 锅洗净，注入兑好的黑芝麻粉、搅烂的熟何首乌，用小火慢慢烧沸。

3. 然后调入红糖，继续用大火煮约3分钟，下水淀粉推匀即可。

【营养功效】 此粥补肾黑发，有助于减肥。

小贴士

大便稀薄者忌服。

姜汁冬瓜粥

主料： 姜15克，冬瓜100克，大米150克。

辅料： 盐适量。

制作方法

1. 姜去皮榨汁；冬瓜去皮去籽切粒；大米洗净。

2. 取瓦煲，注清水，烧沸，入大米、姜汁，改小火煲约30分钟。

3. 入冬瓜粒，加盐，煲15分钟即可。

【营养功效】 冬瓜利尿排湿，是理想的减肥蔬菜。

小贴士

冬瓜忌与鲫鱼、滋补药同食。

鸭羹粥

制作方法

1. 将鸭脯肉洗净，放入沸水锅内汆水捞出，再漂去血水，切成粒，放入碗内，加入少量清水、料酒、葱段、姜片，上笼蒸约1个小时取出。

2. 粳米淘洗干净，山药洗净，煮熟剥皮，切成丁块。

3. 沙锅内放适量清水、粳米，大火煮沸后，倒入蒸鸭肉的原汤，改用小火熬煮至粥成，加入鸭脯肉、山药，用盐、味精调味，淋香油即可。

【营养功效】滋补养阴，养胃生津，利水消肿。

小贴士

　鸭羹粥味道独特，营养丰富，是虚劳瘦弱者常用滋补保健粥品。

主料：鸭脯肉150克，粳米100克。

辅料：山药100克，葱段、姜片、料酒、盐、味精、香油各适量。

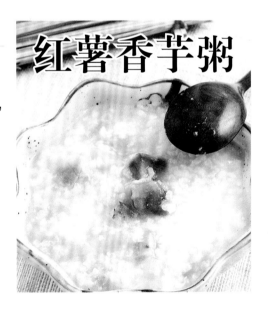

红薯香芋粥

制作方法

1. 将大米加入适量水煲成粥。

2. 红薯、香芋切粒，放入粥内煲约10分钟，加白糖调味即可。

【营养功效】散积理气，解毒补脾。

小贴士

　适合身体虚弱者食用。

主料：红薯、香芋各50克，大米30克。

辅料：白糖适量。

山药枸杞子粥

主料： 鲜山药 50 克，大米 100 克，枸杞子 10 克。

辅料： 冰糖适量。

1. 大米洗净；鲜山药去皮，切粒后洗净；枸杞子洗净。

2. 取瓦煲，入清水，烧沸，入大米，小火煲约 30 分钟至米开花。

3. 再入鲜山药粒、枸杞子，调入冰糖，用小火煲 10 分钟即可。

【营养功效】补血明目，促进食欲。

小贴士

体弱、容易疲劳的女士宜多食用此粥。

玉米胡萝卜粥

主料： 玉米 1 根，胡萝卜 1 根，大米 100 克。

辅料： 盐适量。

1. 玉米洗净，剥粒；胡萝卜洗净，切丁；大米洗净，稍浸泡。

2. 将以上处理好的原料一起放入锅内，加适量清水，以大火熬煮。

3. 沸腾后改小火慢煮至烂熟，加盐调味即可。

【营养功效】降低血脂，防止衰老。

小贴士

此粥尤其适用于高血压、冠心病、高血脂、糖尿病等症。

制作方法

1. 冬瓜洗净切小块；大米稍浸泡，洗净。

2. 将冬瓜块与大米一同放入锅内，加清水适量，以中火熬煮。

3. 粥浓稠时离火，加盐调味。早晚空腹温热食用即可。

【营养功效】养胃生津，清降胃火。

小贴士

热病口干烦渴，小便不利者宜食。

冬瓜粥

主料：新鲜带皮冬瓜 100 克，大米 50 克。

辅料：盐适量。

制作方法

1. 党参以冷水浸泡 30 分钟，捞出沥水，切片；大米泡洗干净；鸡肉洗净，切薄片，加淀粉拌匀，入沸水中稍烫，捞起。

2. 沙锅内放适量清水，大火煮沸，下大米、党参，大火煮沸，转小火续煮 50 分钟，再放鸡肉片煮 10 分钟。

3. 加盐和味精调味即可。

【营养功效】健脾补肺，益气养血。

小贴士

党参以根肥大粗壮、肉质柔润、香气浓、甜味重者为佳。

党参鸡肉粥

主料：大米 150 克，鸡肉 300 克。

辅料：党参 15 克，淀粉、盐、味精各适量。

火腿冬瓜粥

1. 火腿肠、冬瓜切丁；姜切丝。

2. 米粥烧沸，加入上述材料，煮至冬瓜透明即可。

【营养功效】开胃，增食欲。

小贴士

适用于治疗暑热烦闷、水肿等。

主料：火腿肠 1 根，冬瓜 50 克，米粥 2 碗。

辅料：姜适量。

鹌鹑蛋粥

1. 鹌鹑蛋煮熟去壳；大米、桂圆、红枣、薏米分别洗净。

2. 取瓦煲，入薏米、红枣、桂圆、大米和适量清水，置炉上，用中火煲开，改小火煲约 30 分钟。

3. 加入鹌鹑蛋，调入红糖，用小火再煲 15 分钟即可。

【营养功效】补益气血，强身健脑。

小贴士

此粥尤其适宜高血压、冠心病、肥胖症及糖尿病患者食用。

主料：鹌鹑蛋 4 个，桂圆 20 克，薏米 30 克，红枣 10 克，大米 100 克。

辅料：红糖适量。

制作方法

1. 熟地黄切片；大米洗净；红枣切粒。

2. 瓦煲注水以中火烧沸，加入大米，用小火煲至大米快开花，再加入何首乌、熟地黄、红枣，用小火煲约 10 分钟。

3. 调入白糖煮片刻即可。

【营养功效】此粥益肾抗老，养肝补血。

 小贴士

大便溏薄者忌食。

地黄何首乌粥

主料：何首乌 30 克，熟地黄 15 克，大米 100 克。

辅料：红枣、白糖各适量。

制作方法

1. 将川贝母洗净；大米用清水反复冲洗。

2. 取瓦煲一个，加入清水，置于炉上，用中火把水烧沸，再投入洗净的大米和川贝母，改用中火煲约 40 分钟至大米熟烂。

3. 调入冰糖，继续用小火煲约 10 分钟即可。

【营养功效】清热润肺，化痰止咳。

小贴士

适用于急慢性气管炎、肺气肿及久咳不愈者食用。

贝母冰糖粥

主料：川贝母 10 克，大米 50 克。

辅料：冰糖适量。

紫薯银耳粥

主料: 紫薯 500 克,银耳 200 克。

辅料: 红枣、高粱米、冰糖各适量。

制作方法

1. 将高粱米和银耳洗净,分别加水浸泡数小时。

2. 紫薯去皮,切小块备用。

3. 将浸泡好的高粱米倒入锅内煮 20 分钟,再倒入银耳、红枣和紫薯块煮 20 分钟,调入冰糖即可。

【营养功效】润肠通便,滋阴养生。

小贴士

此粥尤其适宜胃炎、大便秘结患者食用。

山药芡实粥

主料: 山药 50 克,芡实 50 克,大米 50 克。

辅料: 食用油、盐各适量。

制作方法

1. 将大米稍浸泡,洗净。

2. 将山药、芡实、大米放入锅中,加适量清水以小火煮粥。

3. 粥熟加盐、食用油,搅匀后煮沸即可。

【营养功效】抗衰延寿,延缓中老年人智力衰退。

小贴士

适用于气血两虚之健忘、失眠、羸瘦等症。

制作方法

1. 将大米洗净，稍浸泡；党参洗净。

2. 党参放进锅里，加适量水，煮沸取汁。

3. 将大米加入党参汁中，煮为稀粥，待熟时调入冰糖，再煮沸即成。

【营养功效】补脾益气。

小贴士

适用于脾胃气虚、体倦乏力等症。

党参粥

主料： 党参 10 克，大米 100 克。

辅料： 冰糖适量。

制作方法

1. 丝瓜去皮，切小片。

2. 粉肠洗净，切段。

3. 米粥煮沸，放入丝瓜片、粉肠段、姜丝、盐，煮沸即可。

【营养功效】消暑利肠，祛风化痰。

小贴士

脾胃虚寒，大便溏薄者不宜选用。

丝瓜粉肠粥

主料： 丝瓜半条，粉肠 50 克，米粥 250 克。

辅料： 姜、盐各适量。

生菜皮蛋粥

主料: 生菜 50 克, 皮蛋 2 个, 大米 150 克。

辅料: 姜、盐、味精各适量。

1. 生菜洗净切丝; 大米洗净; 皮蛋煮熟切丁; 姜去皮切末。

2. 取瓦煲, 注入适量清水, 用中火煲开, 投入大米、姜末, 熬至开花。

3. 再加入皮蛋丁、生菜丝, 调入盐、味精, 继续用小火煲透即可食用。

【营养功效】 消暑, 醒脾。

小贴士

常食此粥可增加体内纤维素, 有预防便秘的功效。

润肤鲜藕粥

主料: 大米 100 克, 鲜莲藕 300 克, 猪肉片 200 克, 枸杞子 20 克。

辅料: 淀粉、盐、味精各适量。

制作方法

1. 莲藕洗净, 削皮切片, 再冷水浸泡。

2. 猪肉片洗净, 与淀粉拌匀。

3. 锅内放水、大米、莲藕片、猪肉片和枸杞子大火烧沸, 小火熬煮。最后加盐和味精调味即可。

【营养功效】 收敛, 可通便。

小贴士

脾胃消化功能低下、大便溏泄者忌生吃莲藕。

白果冬瓜粥

制作方法

1. 白果仁洗净，浸泡氽熟；冬瓜洗净，去皮瓤，切丁。

2. 锅中入高汤、姜末煮沸，倒入稀粥、白果仁、盐、胡椒粉，以大火烧沸。

3. 加入冬瓜丁拌煮5分钟，撒上葱末即可。

【营养功效】 清热利尿，祛暑解渴。

小贴士

冬瓜性寒，脾胃气虚、腹泻便溏、胃寒疼痛者慎食。

主料： 稀粥1碗，白果仁25个，冬瓜150克。

辅料： 盐、葱、姜、胡椒粉、高汤各适量。

银耳粥

制作方法

1. 银耳泡发，去蒂，掰成小朵；小米洗净，用清水浸泡1小时；枸杞子用温水洗净。

2. 银耳倒入沙锅里，加适量清水，大火煮沸，放小米煮沸，转小熬至粥成。

3. 加入枸杞子和冰糖，继续煮到冰糖即可。

【营养功效】 小米富含维生素 B_1、维生素 B_{12} 等，具有防止消化不良、口角生疮、泛胃、呕吐、减轻皱纹、色斑、色素沉着等功效。

小贴士

小米粥不宜太稀薄；淘米时不要用手搓；忌长时间浸泡或用热水淘米。

主料： 小米150克，银耳50克。

辅料： 枸杞子10克，冰糖适量。

南瓜补血粥

1. 老南瓜洗净，切小块；山楂洗净去核，切小块。

2. 花生米、红枣、小米、南瓜块、山楂块放锅内，倒水煮成稀粥。

3. 加红糖拌匀即可。

【营养功效】补气养血，悦色红颜。

小贴士

此粥尤其适合胃病者食用。

主料： 老南瓜 150 克，山楂 12 克，花生米 30 克，红枣 25 克，小米 50 克。

辅料： 红糖适量。

蔬菜玉米麦片粥

制作方法

1. 棒渣洗净，提前浸泡；蔬菜洗净。

2. 取小锅，入大米和棒渣，再入足量清水，置火上大火煮滚。

3. 倒入玉米面，下锅前用水调成糊状，边倒边用汤勺搅匀，转小火熬制。

4. 粥煮到米粒开花时入蔬菜丁(粒)和燕麦片煮至所有食材熟透，加盐调味即可。

【营养功效】补中养胃，益精强志。

小贴士

此粥尤其适合高血压、夜盲症患者食用。

主料： 棒渣、大米、玉米面、燕麦片各 30 克，玉米粒、豌豆粒、胡萝卜粒、土豆丁、西蓝花各适量。

辅料： 盐适量。

姜片红枣粥

制作方法

1. 大米洗净，稍浸泡；姜洗净，去皮切片；红枣洗净去核。

2. 将以上处理好的原料放在一起，加水，以小火煮粥。

3. 粥成后加入盐、香油调味即可。

【营养功效】温胃散寒、温肺化痰。

小贴士

阴虚者或孕妇慎食。

主料：大米100克。

辅料：姜8克，红枣10克，盐、香油各适量。

虾米菠菜粥

制作方法

1. 大米洗净；虾米浸泡；菠菜洗净汆烫后切段。

2. 锅内加适量水煮沸，放入大米、虾米一起熬煮成粥，待粥熟后再放菠菜，最后加盐即可。

【营养功效】滋阴养血，润燥滑肠。

小贴士

患有皮肤疥癣者忌食。

主料：虾米15克，大米100克，菠菜30克。

辅料：盐适量。

葱白香菇粥

主料： 大米 50 克，香菇、葱白各 10 克。

辅料： 盐适量。

1. 大米洗净后用清水浸泡半小时，然后放入沙锅中，加足清水，大火煮沸。

2. 香菇洗净切碎；葱白洗净切碎，放入茶叶袋中。

3. 粥煮沸后，放入葱白袋，转小火熬制。

4. 待大米煮至八分熟时，放入香菇碎，继续熬至菜熟、粥变浓稠，加盐调味即可。

【营养功效】 延缓衰老。

小贴士

顽固性皮肤瘙痒症患者忌食。

燕麦南瓜粥

主料： 燕麦 30 克，大米 50 克，南瓜 400 克。

辅料： 盐适量。

1. 南瓜洗净，削皮，切成小块；大米洗净，用清水浸泡半小时。

2. 锅置火上，米入锅，加水，大火煮沸后转小火煮 20 分钟。

3. 放南瓜块，小火煮 10 分钟，再加燕麦，用小火煮 10 分钟，熄火后，加盐即可。

【营养功效】 滑肠通便，排毒养颜。

小贴士

适宜慢性病人、习惯性便秘者食用。

面粉类

牛肉沙茶凉面

主料: 牛肉100克,油面条300克,沙茶酱10克。

辅料: 芥蓝、红椒、料酒、酱油、水淀粉、食用油各适量。

制作方法

1. 牛肉洗净切片,加料酒、酱油和水淀粉腌5分钟;芥蓝洗净斜切成片;红椒切成片。

2. 锅中煮沸适量清水,加入油面条煮熟,盛出沥干。

3. 锅中倒油烧热,加入牛肉片炒熟,加入芥蓝、红椒、沙茶酱一同炒熟,然后再放入面条翻炒片刻,出锅即可。

【营养功效】 芥蓝能抑制过度兴奋的体温中枢,起到消暑解热作用。

小贴士
沙茶酱是盛行于福建、广东等地的混合型调味品。

鲜虾担仔面

主料: 油面300克,熟虾仁500克,卤肉200克。

辅料: 卤蛋、虾头、蒜、香菜、豆芽菜、食用油、盐、酱油、味精、黑醋各适量。

制作方法

1. 蒜洗净切蓉;豆芽菜洗净;卤肉切碎。开锅煮水,沸腾后加入虾头和盐、油、味精熬煮成担仔面汤底。

2. 锅烧热,爆香蒜蓉,加入卤肉和酱油爆炒成肉臊待用;另外开锅煮面,熟后捞起置于碗中。

3. 汤底倒入面碗,加入肉臊、熟虾仁、卤蛋、豆芽菜,浇上黑醋,撒上香菜即可。

【营养功效】 此面有助于调理贫血、营养不良等症。

小贴士
担仔面发源于台南沿海。

传统大肉面

制作方法

1. 五花肉切四方形，加酱油、盐、味精、糖焖成红烧肉；香菇、黑木耳浸透切片。

2. 将宽条面放入沸水锅煮熟，置碗中。

3. 爆香红烧肉、葱、姜，加酱油、盐、糖、高汤，放黑木耳、香菇片。

4. 汤沸，放菜心稍煮，倒入面碗即可。

【营养功效】 黑木耳具润肺、清涤胃肠等功效。

小贴士

有出血性疾病者应不食或少食黑木耳。

主料： 宽条面200克，带皮五花肉250克，黑木耳、香菇、菜心各20克。

辅料： 高汤、葱、姜、食用油、酱油、盐、味精、糖各适量。

海鲜龙须面

制作方法

1. 将墨鱼、草虾、香菇、荷兰豆放入锅；加1/4辅料A中高火煮4分钟。

2. 将剩余辅料A煮沸；放入面，倒入墨鱼等；中高火煮2分钟。

3. 撒辅料B，即可。

【营养功效】 荷兰豆可提高机体的抗病能力和康复能力。

小贴士

墨鱼与茄子相克。

主料： 龙须面150克，墨鱼2片，草虾2只，香菇1个，荷兰豆适量。

辅料： A.热鱼汤2杯，盐、姜汁、糖各1小匙；B.葱花1大匙，辣椒粉半小匙。

肠旺面

主料： 鸡蛋面 90 克，猪肠 50 克，五花肉 250 克，血旺 25 克，绿豆芽 15 克，豆腐 250 克。

辅料： 红油、糍粑、辣椒、豆腐乳、醋、甜酒酿、胡椒粉、蒜、姜、葱、高汤各适量。

制作方法

1. 猪肠煮半熟切块；五花肉煮熟切丁；豆腐切丁，入盐水泡片刻。

2. 将肉丁炒出油，加醋、甜酒酿炸成脆哨；加豆腐炸成泡哨；加猪肠、糍粑、辣椒炒香；加姜蒜、豆腐乳、水煮开。

3. 将面煮熟；氽熟绿豆芽、血旺片。

4. 将上述食材置面上；加高汤、红油、胡椒粉、葱即可。

【营养功效】 血旺具排毒作用。

小贴士

舌苔厚腻者忌食猪肉。

经典牛肉乌冬面

主料： 乌冬面 200 克，肥牛片 50 克，油菜心、香菇各 20 克。

辅料： 大酱、黑鱼素、清酒、味淋、酱油、高汤各适量。

制作方法

1. 将高汤加大酱、酱油、黑鱼素、清酒、味淋放入汤锅煮沸，加乌冬面煮 3 分钟。

2. 将油菜心、香菇氽熟，铺面上。

3. 肥牛片淋上酱油大火煎约 10 秒钟，入面碗即可。

【营养功效】 牛肉有利于增长肌肉。

小贴士

内热盛者忌食牛肉。

西洋风味面

制作方法

1. 将蛋黄蛋清分开,打散蛋黄;洋葱切粒;香菇切片;腊肉切粒;煮熟面条捞出,拌橄榄油待用。

2. 奶油放入平底锅融化烧热,加入洋葱、腊肉粒,再加入香菇拌炒。

3. 倒入蛋黄液翻炒,让蛋黄裹住上述食料烩香。

4. 加入拌橄榄油的面和盐炒至入味;撒葱末、胡椒粉炒匀即可。

【营养功效】蛋黄可延缓眼睛老化,预防视网膜黄斑变性和白内障等眼疾。

小贴士

奶油较适合缺乏维生素 A 的人和儿童食用。

主料: 面条 300 克,奶油 50 克,鸡蛋 1 个,香菇 50 克,洋葱 35 克,腊肉 30 克

辅料: 胡椒粉、盐、橄榄油、葱各适量

川味凉面

制作方法

1. 将所有辅料混合调成酱汁,煮熟面条。

2. 将猪肉丝、黄瓜丝、胡萝卜丝及银芽分别用沸水氽烫至熟,同蛋皮丝、榨菜丝拌匀备用。

3. 将细油面置盘底,再铺上 2 中的食料,淋上酱汁拌匀,撒上香菜末即可。

【营养功效】黄瓜可防治动脉硬化。

小贴士

食猪肉后不宜大量饮茶。

主料: 细油面 200 克,猪肉丝、蛋皮丝、黄瓜丝、胡萝卜丝、榨菜丝、银芽各 30 克。

辅料: 香菜、凉面酱、淀粉、辣油各适量。

什锦鸡蛋面

制作方法

1. 将草菇、猴头菇、胡萝卜、油菜心洗净切好，分别氽透，捞出。

2. 将全蛋面放入沸水锅煮熟捞入碗中待用，鸡蛋煎成荷包蛋。

3. 将葱末、姜末炝锅，加料酒、高汤、草菇、猴头菇、胡萝卜、油菜心、盐、料酒、胡椒粉。

4. 汤沸后煮2分钟倒入盛面的碗中，放上荷包鸡蛋即可。

【营养功效】鸡蛋是延年益寿之佳品。

主料： 全蛋面 150 克，虾仁、鸡蛋、草菇、猴头菇、胡萝卜、油菜心各 20 克。

辅料： 高汤、食用油、葱、姜、盐、料酒、胡椒粉各适量。

小贴士

虾为动风发物，患有皮肤疥癣者忌食。

香葱油面

制作方法

1. 将虾米用料酒浸发，葱切长段。

2. 将葱煎至色转黄，加虾米煸炒一下。

3. 待葱焦黄，加酱油、料酒、糖炒至葱变黑。

4. 煮好面条，入碗，加炒好的虾米拌匀，撒入葱末即可。

【营养功效】 葱具通阳活血、驱虫解毒等功效。

主料： 虾米 20 克，葱 100 克，细面条 500 克。

辅料： 生油、酱油、糖、料酒各适。

小贴士

葱不可与马蜂蜜同食，同食会中毒。

清汤牛肉面

制作方法

1. 将牛肉入沸水汆烫约 15 分钟，冲净血污，切厚片；青菜洗净切整齐。

2. 将牛肉置碗中，加料酒、桂皮、花椒及清水 3 杯，蒸 2 小时至牛肉熟烂，用纱布滤汤汁。

3. 将面放入沸水锅煮至熟，置碗中，放上牛肉，汆熟青菜放碗边。

4. 热汤汁，加入盐、葱丝、姜丝略煮，浇入面中即可。

【营养功效】牛肉能增强免疫力。

小贴士
高血脂患者慎食牛肉。

主料：宽条面 200 克，青菜适量，鲜牛肉 250 克。

辅料：盐、料酒、葱、姜、桂皮、花椒各适量。

铁板面

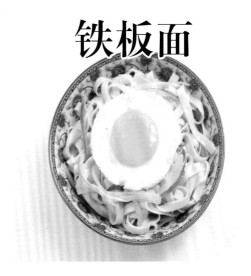

制作方法

1. 平底锅大火烧热，入食用油，将鸡蛋以中火煎成荷包蛋，改小火煎熟，盛盘。

2. 另取锅大火烧热，放食用油，小火爆香洋葱丝，再入面条与水大火拌炒至熟略微收汁，盛入盘内并淋上磨菇酱拌匀，放上煎蛋即可。

【营养功效】补肺养血，滋阴润燥。

小贴士
适宜体质虚弱，营养不良，贫血患者。

主料：面条 250 克，洋葱丝 50 克，鸡蛋 1 个。

辅料：食用油、磨菇酱各适量。

五目中华炒面

主料： 中华面 4 把，猪肉丝 200 克
腌料： 料酒、酱油、盐、胡椒、姜汁各适量
辅料： 淀粉、盐、香油、水煮竹笋、玉米笋、胡萝卜、葱白、青蒜、水发木耳各适量

制作方法 ○•

1. 猪肉切丝，用腌料腌入味；胡萝卜、竹笋切丝；葱白切片；青蒜切段；木耳撕碎。

2. 猪肉炒至变色后出锅；加油爆香葱白、青蒜，放入竹笋、玉米笋、胡萝卜炒熟。

3. 再加猪肉略炒；加水淀粉勾芡；加香油、盐，炒匀。

4. 煮熟面，装盘，倒入猪肉等食材即可。

【营养功效】 猪肉补虚养血；竹笋通肠排便。

小贴士

习惯性便秘者尤其适合食用竹笋。

全家福汤面

主料： 家常面 150 克，水发海参、虾仁、鲜贝、高汤各 20 克。
辅料： 平菇、香菇、油菜心、食用油、葱、姜、鱼露、料酒、盐、红辣椒油各适量。

制作方法 ○•

1. 海参洗净切片；虾仁洗净；鲜贝、平菇、香菇切片，一起氽水处理。

2. 将家常面放入沸水锅煮熟，置碗中。

3. 热油锅，放葱、姜炝锅，烹料酒，加高汤，放入海参、虾仁、鲜贝、平菇、香菇、油菜心，至沸，加鱼露、盐调味，淋上红辣椒油，倒入面碗即可。

【营养功效】 海参对高血压、冠心病、肝炎患者及老年人等有良好的食疗功效。

小贴士

海参不宜与甘草酸、醋同食。

黄酱肉面

制作方法

1. 猪肉洗净，切丁。

2. 炒锅倒油加热，放入葱末、辣椒面炸出香味，放入猪肉丁煸炒片刻。

3. 加入黄酱、料酒炒至猪肉香熟，加入糖、清汤，续炒片刻，调入味精、香油、猪油、酱油制成辣酱。

4. 将面条放入沸水锅煮熟，捞出，放进汤碗，铺上辣酱即可。

【营养功效】黄酱具有健脑益智、防治脂肪肝的作用。

小贴士

有痔疮、眼病、胃溃疡等不宜食辣椒。

主料： 面条 250 克，猪肉 150 克。

辅料： 黄酱、辣椒面、葱、料酒、香油、猪油、糖、酱油、味精、食用油各适量。

怪味凉拌面

制作方法

1. 芝麻酱用凉开水调开；锅中加油烧热，放入花椒粉炒香，再加入香醋、生抽、糖、红油、味精，倒入调好的芝麻酱，拌匀成"怪味汁"。

2. 锅上火加清水，煮沸后放入挂面，煮熟，捞出过凉水。

3. 将"怪味汁"浇在面条上，再撒上葱末和蒜末即可。

【营养功效】芝麻对体虚、脱发、强身、抗衰老均有良效。

小贴士

一般人皆宜食用。

主料： 挂面 200 克。

辅料： 葱、蒜、芝麻酱、香醋、生抽、糖、红油、味精、食用油、花椒粉各适量。

鱼丸清汤面

主料: 拉面150克,鸡蛋2个,鱼丸、青菜各20克。

辅料: 食用油、高汤、葱、姜、盐、香油各适量。

1.将鸡蛋打散摊成蛋皮,切蛋丝;青菜洗争。

2.放葱末、姜末炝锅,加入高汤。

3.高汤沸时,下入拉面、鱼丸,煮熟,加盐,撒鸡蛋丝、青菜稍煮,淋香油即可。

【营养功效】 鱼肉具滋补健胃、利水消肿等功效。

小贴士
患肾脏疾病者应慎食鸡蛋。

老友面

主料: 青菜100克,面条150克,猪肉200克。

辅料: 老友酱、豆豉、罐装酸笋、食用油、盐、蒜、生抽、老抽、浓汤宝各适量。

1.爆香蒜末和豆豉;加酸笋大火炒香;加猪肉,加盐、老友酱炒至猪肉发白。

2.将面放入沸水锅,烧开,加冷水;反复3次;最后沸腾加青菜、生抽、老抽、浓汤宝调匀,倒入上述食材即可。

【营养功效】 猪肉养血润燥;青菜通利胃肠。

小贴士
青菜性偏寒,凡脾胃虚寒者不宜多食。

奶油青豆意面

制作方法

1. 将洋葱、火腿、蘑菇分别切成丁，接着烧锅将意面煮熟，盛出。

2. 在炒锅中加入适量食用油，依次放入姜片、青豆、洋葱、火腿、蘑菇翻炒。

3. 快熟时放入盐、奶油和适量水，然后加入煮熟的意面，烩炒入味即可。

【营养功效】青豆不含胆固醇，可预防心血管疾病。

小贴士

青豆含丰富的蛋白质，其中含人体必需的多种氨基酸，尤其以赖氨酸含量为高。

主料：鸡蛋意面 200 克，青豆、洋葱、火腿、蘑菇各 50 克。

辅料：姜、食用油、奶油、盐各适量。

油泼面

制作方法

1. 番茄、小白菜洗净，备用。

2. 热油锅，下番茄、鸡蛋炒熟。

3. 另外加水开锅，放入面条和小白菜煮熟。捞出后放入碗中，撒上盐、味精和辣椒粉。

4. 烧热适量食用油，直接浇于面条上，并用筷子快速搅拌。

5. 浇上醋和酱油，加入番茄炒蛋，撒上葱末即可。

【营养功效】番茄含番茄素，有抑制细菌的作用。

小贴士

油泼面是西安著名美食，最早出现在案板街、炭市街一带。

主料：面条 300 克，小白菜 50 克。

辅料：鸡蛋、番茄、葱、酱油、醋、盐、味精、辣椒粉、食用油各适量。

野菜肉酱面

主料： 细白面条 150 克，山蕨菜、香菇、口蘑、猪肉馅、豆瓣酱、鲜汤、青椒各适量。

辅料： 食用油、葱、姜、蒜、盐、酱油、料酒、糖、香油各适量。

制作方法

1. 豆瓣酱加调味料拌匀，菜、菇洗净切好，分别汆烫。

2. 将面条入沸水锅加盐煮熟，捞出冲凉待用，热鲜汤，倒入面条，放上山蕨菜、香菇、口蘑煮沸。

3. 用食用油煸香肉馅、姜、蒜，加料酒、酱油，下青椒略煸炒，倒入豆瓣酱翻炒至入味，倒入面中，撒上葱末即可。

【营养功效】 山蕨菜可清热解毒；香菇可降低胆固醇。

小贴士

口蘑尤其适合肥胖、便秘者等食用。

三色凉面

主料： 油面 250 克，鸡蛋、小黄瓜、胡萝卜、青椒、猪肉、豆芽菜各适量。

辅料： 高汤、芝麻酱、糖、香油、盐、酱油、陈醋、蒜、葱各适量。

制作方法

1. 小黄瓜、猪肉、青椒洗净切丝；鸡蛋打散；胡萝卜去皮切丝。

2. 将蛋液倒入热油锅摊成蛋皮，切丝。

3. 将青椒、胡萝卜、豆芽菜、猪肉分别汆熟。

4. 芝麻酱加高汤调匀，加糖、盐、香油、陈醋、酱油、蒜泥拌成酱料。

5. 面煮熟后沥水，铺上上述食材，淋上酱料，撒上葱末即可。

【营养功效】胡萝卜具健脾和胃、补肝明目、清热解毒等功效。

小贴士

鸡蛋与红薯、豆类等相克。

蟹炒乌冬面

制作方法

1. 韭黄、葱洗净，切段；乌冬面下沸水汆烫透，捞出沥干。

2. 蟹开壳洗净，剁块，加盐、料酒调味，粘适量淀粉，用油炸至金红色。

3. 烧热油锅，下葱段、姜丝，烹料酒，加辣椒酱、糖、盐，再下乌冬面煸炒片刻，下蟹块、韭黄翻炒均匀，淋明油即可。

【营养功效】 蟹具清热解毒、养筋活血功效。

小贴士

脾胃寒滑、腹痛喜热恶寒者忌食。

主料： 蟹2只，乌冬面200克。

辅料： 食用油、韭黄、葱、姜、盐、料酒、淀粉、辣椒酱、糖各适量。

沙茶牛肉炒面

制作方法

1. 牛肉切成片，用料酒、酱油和水淀粉腌5分钟；芥蓝洗净斜切成片；红椒切成片。

2. 将油面条煮熟，盛出沥干水分。

3. 炒锅入油，下牛肉片炒熟，加入芥蓝、红椒、沙茶酱同炒，再放入面条拌炒均匀即可。

【营养功效】 芥蓝具增进食欲、消暑解热等功效。

小贴士

牛肉不宜与橄榄同食，同食会引起身体不适。

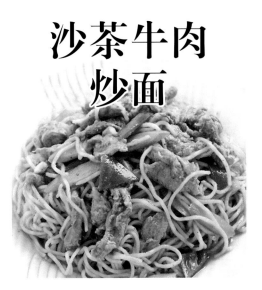

主料： 牛肉100克，油面条300克。

辅料： 芥蓝、红椒、沙茶酱、料酒、酱油、水淀粉各适量。

五彩米粉面

主料: 意大利面200克, 米粉50克, 鸡蛋1个。

辅料: 虾米、韭黄、水发香菇、红椒、青椒、洋葱、高汤、酱油、盐、香油、陈醋各适量。

制作方法 ○ •

1. 鸡蛋摊成蛋皮, 与香菇、青椒、洋葱一起切丝; 温水泡软虾米; 韭黄切段; 红椒切圈。

2. 米粉入沸水中略泡, 盖盖焖至膨胀松软捞出; 意面煮透, 捞出拌油。

3. 爆香虾米, 加高汤、意面焖炒至汁快收干时, 再加米粉、五彩丝、红椒圈, 加酱油、盐、香油、陈醋炒拌均匀即可。

【营养功效】韭黄具活血散淤的功效。

小贴士

韭菜忌与蜂蜜、牛肉同食。

鸡丝米粉

主料: 米粉250克, 鸡肉50克, 生菜100克。

辅料: 食用油、鸡油、盐、胡椒粉、鸡汤各适量。

制作方法 ○ •

1. 鸡肉切丝, 下油锅汆油沥干, 待用; 生菜洗净; 米粉浸软。

2. 烧沸鸡汤, 加盐、胡椒粉调味。

3. 将生菜、米粉入沸水烫熟, 挑入碗肉, 撒上鸡丝、倒入汤、淋上鸡油即可。

【营养功效】 大米有益精强志、通血脉等功效。

小贴士

生菜尤其适宜有胃病、维生素C缺乏者食用。

宽粉炖鲤鱼

制作方法

1. 将鲤鱼洗净后切片，粘面粉，油炸至金黄。

2. 葱切段；姜切片；沸水泡软宽粉条，投凉。

3. 用食用油爆豆瓣酱、葱段、姜片、花椒、大料、酱油，加高汤、鱼片、盐、料酒，烧沸。

4. 小火炖约 20 分钟，加宽粉条、油菜心炖至熟透即可。

【营养功效】降胆固醇，滋补健胃。

小贴士

鲤鱼忌与芋头、猪肝等同食。

主料: 鲤鱼 350 克，宽粉条 250 克，油菜心 50 克，面粉 100 克。

辅料: 高汤、料酒、酱油、豆瓣酱、盐、葱、姜、花椒、大料、食用油各适量。

榨菜肉丝粉

制作方法

1. 肉丝、榨菜丝炒熟待用。

2. 锅内加盐、酱油、辣椒粉、杂骨汤、熟猪油、葱末煮沸，入碗。

3. 将米粉入沸水烫熟，捞入汤碗中，放入肉丝、榨菜丝即可。

【营养功效】杂骨汤有添骨髓、强身、美容等功效。

小贴士

食用猪肉时最好与豆类食物搭配。

主料: 米粉 200 克，榨菜丝、肉丝、杂骨汤各适量。

辅料: 盐、酱油、辣椒粉、葱、熟猪油各适量。

咖喱牛肉细粉

主料： 牛肉 300 克，粉丝 150 克，鸡汤适量。

辅料： 咖喱粉、葱、姜各适量。

制作方法

1. 将牛肉加姜片煮熟，切片。

2. 将咖喱粉加鸡汤煮溶，再加入剩余清鸡汤、粉丝、牛肉同煮。

3. 撒上切丝的葱即可。

【营养功效】 牛肉对增长肌肉、增强力量特别有效。

小贴士

咖喱粉是有刺激性气味的调料，肠胃不适者应少食。

干炒牛河

主料： 沙河粉 300 克，牛里脊肉、豆芽、红椒、洋葱各适量。

辅料： 食用油、料酒、生抽、蚝油、盐、胡椒粉、淀粉、葱各适量。

制作方法

1. 沙河粉温水浸泡；洋葱切丝；红椒切丝；葱切长段；豆芽去头尾。

2. 牛里脊肉切片，加生抽、盐、料酒、淀粉、油拌匀腌 15 分钟，快速煸炒牛肉片。

3. 沙河粉翻炒片刻，加入洋葱丝、蚝油、生抽、胡椒粉炒匀。

4. 加入豆芽、红椒丝、葱段和牛肉片翻炒均匀即可。

【营养功效】补中益气、健脾养胃。

小贴士

高血脂患者慎食牛肉。

芒果肠粉

制作方法

1. 蒟蒻粉加糖拌匀；椰浆煮沸，加入蒟蒻粉，搅拌至无粉粒熄火，快速倒入平底器皿，冷藏 30 分钟取出。

2. 将芒果切粒放在粉上，卷成肠粉，淋上芒果汁即可。

【营养功效】清肠解毒，润泽皮肤。

 小贴士

　　盛夏佳肴，体质带湿者不宜食芒果。

主料： 大椰浆一罐，无糖蒟蒻冻粉、糖各适量，芒果两个。

辅料： 芒果汁适量。

地道酸辣粉

制作方法

1. 将除粉条、花生米、黄豆、香菜、榨菜、荷兰豆外的食材混合做底料。

2. 用 60℃的水泡软粉条，放入沸水锅烫约 30 秒；烫熟荷兰豆。

3. 将粉条放入底料碗，加榨菜、花生米、黄豆、香菜、荷兰豆即可。

【营养功效】 荷兰豆具益中气、止泻痢等功效。

小贴士

　　脾胃虚弱者不宜多食，以免消化不良。

主料： 粉条 300 克，荷兰豆、香菜、葱、姜、蒜、榨菜丝、香菜、炸酥花生米、炸酥黄豆各适量。

辅料： 高汤、酱油、醋、辣椒油、香油、猪油、花椒粉、胡椒粉、鸡精、盐、芝麻各适量。

桂花虾米炒粉丝

主料： 粉丝 300 克，虾米 20 克，鸡蛋、豆芽、韭菜、桂花各适量。

辅料： 盐、白糖、蚝油各适量。

制作方法

1. 粉丝用水浸透；虾米泡开；豆芽、韭菜各切段。

2. 煸香虾米、豆芽、韭菜，加粉丝翻炒，加水、蚝油、白糖、盐调味待用。

3. 鸡蛋打散加桂花、盐拌匀，炒散至干，放粉丝与上述食材炒匀即可。

【营养功效】 粉条里富含碳水化合物、膳食纤维、蛋白质、烟酸和钙、镁、铁、钾、磷、钠等矿物质，有开胃健脾等功效。

小贴士

因制作粉条的过程中会添加明矾，孕妇慎用。

婆婆山蕨粉

主料： 蕨根粉 250 克，小青、红青椒各 10 克。

辅料： 纯净水、盐、白醋、泡野山椒、葱各适量。

制作方法

1. 蕨根粉泡凉水约 2 小时，放入沸水锅，待水再沸粉变软捞出。

2. 青、红椒切小圈。

3. 纯净水加盐、白醋、青、红椒圈、泡野山椒、葱末调成味汁；倒入蕨根粉即可。

【营养功效】 蕨根具滑肠通便、消脂降压等功效。

小贴士

蕨根非常适合老年人作食疗食品。

炒斋粉

制作方法

1. 沙河粉洗净、晾干，葱、豆芽菜洗净、切段。

2. 食用油爆炒豆芽菜片刻，放河粉、料酒续炒。

3. 加酱油、糖，翻炒上色，撒葱炒匀，加香油即可。

【营养功效】补中益气，健脾养胃。

小贴士

河粉必须用大火快炒，用筷子轻轻翻拌即可。

主料：沙河粉500克，豆芽菜100克。

辅料：料酒、葱、酱油、食用油、香油、糖各适量。

牛肉炒河粉

制作方法

1. 牛肉洗净，抹干水，切丝，加生抽、老抽、糖、淀粉拌匀；韭菜切段；豆芽洗净，沥干水。

2. 下食用油20毫升，放牛肉丝炒熟，倒入漏勺沥油。

3. 下食用油30毫升，放豆芽、河粉翻炒，加入盐调味，最后加入韭菜、牛肉丝炒匀上碟即可。

【营养功效】牛肉为滋补强壮之佳品，营养价值很高。

小贴士

牛肉含蛋白质、脂肪以及维生素A、B族维生素、钙、磷、铁等物质。

主料：河粉500克，牛肉200克。

辅料：韭菜、豆芽、生抽、淀粉、食用油、老抽、糖、盐各适量。

德庆竹篙粉

主料： 大米 100 克。

辅料： 淀粉、酱油、食用油各适量。

1. 大米浸泡洗净，磨成米浆，反复冲撞数次，调入油、淀粉。

2. 锅放油烧热，将米浆倒入平板容器中，摊成薄薄一层，入锅蒸熟。

3. 将蒸熟的米浆小心铲起，铺于竹篙上晾凉，切为数段，拌入酱油、食用油即可。

【营养功效】开胃健脾。

小贴士

竹篙粉的传统制作手法是"石磨米浆、柴火烧水、牛窝锅蒸、堂篙晾粉"。

双虾丝瓜水晶粉

主料： 丝瓜 100 克，粉丝 200 克，红椒 50 克。

辅料： 虾米、虾仁、盐、糖、鸡精、姜、上汤、食用油各适量。

1. 丝瓜去皮切粗条，红椒切条，姜切末，虾仁洗净烫熟，粉丝、虾米用温水泡软。

2. 煸炒姜末、虾米片刻，加丝瓜，加适量水糖、鸡精、盐；加粉丝大火烧熟。

3. 将粉丝、丝瓜入碗，放入红椒、虾仁，淋上汤即可。

【营养功效】清暑凉血、润肌美容。

小贴士

女士多吃丝瓜可调理月经不顺。

制作方法

1. 草鱼头洗净，用盐、白胡椒粉腌 10 分钟；葱切段。

2. 将草鱼头粘红薯粉，中火炸至金黄色，大火把草鱼头油炸至表面呈酥脆状。

3. 将草鱼头加水、油葱酥、葱、姜、料酒大火煮开，转小火烧至汤乳白。

4. 放入粗米粉、青江菜续煮 3 分钟，加盐即可。

【营养功效】 草鱼具暖胃和中、益肠明目等功效。

小贴士

适宜体虚胃弱、营养不良者食用。

狮城鱼头米粉

主料：草鱼头 150 克，红薯粉 50 克，粗米粉 150 克

辅料：葱、油葱酥、姜、料酒、青江菜、盐、白胡椒粉各适量

制作方法

1. 水氽濑粉约 1 分钟至熟，沥干；香菜洗净；叉烧切碎；烧鹅切块。

2. 爆香蒜末，加鸡精、盐、水大火至汤底出味。

3. 濑粉置碗内，放叉烧、烧鹅等，淋上汤，撒香菜、胡椒粉、白芝麻即可。

【营养功效】鹅肉益气补虚，猪肉养血润燥。

小贴士

濑粉氽太熟就不弹牙了。

叉鹅汤濑粉

主料：濑粉 200 克，烧鹅 100 克。

辅料：叉烧、汤、熟白芝麻、香菜、蒜、食用油、盐、胡椒粉、鸡精各适量。

鸡蛋肉丝炒面

主料： 面条 300 克，肉丝 100 克。

辅料： 鸡蛋 2 个，胡萝卜、上海青、香油、酱油、糖、味精、蒜各适量。

制作方法

1. 沸水下入面条，煮至八成熟，捞出沥干水分，用少量香油拌匀备用，胡萝卜切丝，上海青剖开，蒜切片备用，肉丝用糖、味精、少量酱油拌匀，鸡蛋煎成荷包蛋备用。

2. 炒锅大火烧热油，放肉丝，快炒变色后装起备用。

3. 炒锅大火烧热油下蒜片炝锅，下胡萝卜与上海青翻炒片刻，下面条，拌匀，倒入酱油，下少量糖提鲜，倒入炒好的肉丝，快速炒匀装盘，放上荷包蛋即成。

【营养功效】 两只鸡蛋所含的蛋白质大致相当于 3 两鱼或瘦肉的蛋白质。

小贴士

面煮至八成熟后，要沥干水分拌上香油。

炸酱面

主料： 猪肉末 500 克，黄酱 1 袋。

辅料： 香菇 100 克，老抽、油菜心、面条、醋、葱、食用油各适量。

制作方法

1. 老抽、黄酱加清水拌匀；香菇浸发，切片待用；葱洗净切末。

2. 炒锅加食用油烧热，放入葱末、香菇翻炒半分钟。再倒入肉末一起翻炒至变色断生。然后倒入黄酱用小火慢慢翻炒片刻。

3. 水煮熟面条，捞出后过一下冷水盛入碟中，油菜心氽水烫熟待用。

4. 食用时将炸酱铺于面条表面，最后加入油菜心和适量醋即成。

【营养功效】 有肉，有青菜，营养均衡，能补充人体需要的各种营养。

小贴士

黄酱是我国传统的调味酱，以大豆、小麦粉、盐等为原料制成，富含优质蛋白质。

麻酱凉面

制作方法

1. 鸡蛋打散，搅成蛋液；青椒洗净切丝；豆芽菜洗净，用沸水稍烫；黄瓜、火腿分别切丝；蒜剁成蓉。

2. 锅中倒食用油烧热，加入蛋液摊成蛋皮，切丝待用；芝麻酱加高汤调匀，再倒入糖、香油、盐拌好。

3. 锅中煮沸足量清水，加入鸡蛋面煮熟，捞出过冷，装碟时拌入青椒丝、豆芽菜、火腿、黄瓜、蛋皮、麻酱、蒜蓉、陈醋、酱油，撒上香菜即可。

【营养功效】 豆芽菜的热量很低，而水分和膳食纤维含量很高，常吃，可以达到减肥的目的。

小贴士

食用鸡蛋后不宜通过饮茶来"去味"和"消化"。

主料：鸡蛋面、鸡蛋、火腿、青椒适量。

辅料：豆芽菜、黄瓜、香菜、高汤、芝麻酱、糖、香油、盐、酱油、陈醋、蒜各适量。

延吉凉面

制作方法

1. 牛肉洗净氽水，连同葱、姜、料酒、大料、盐和100毫升清水入锅煮40分钟，撇去浮沫，捞出切片，原汤分装碗中；鸭梨洗净切片；鸡蛋打散入锅，摊成蛋皮，切丝待用；松子入锅，炸香待用。

2. 开锅煮面，熟后捞出过冷水，盛入牛肉汤碗。

3. 将泡菜丝、鸭梨片、蛋皮丝、牛肉片、松子、香菜放在面上，撒上胡椒粉即可。

【营养功效】 荞麦蛋白质中含有丰富的赖氨酸成分，是一般精制大米的10倍。

小贴士

荞麦面分冷食、热食两种。前者一般在夏季食用。

主料：荞麦面200克，牛肉100克。

辅料：鸭梨、鸡蛋、泡菜、松子、香菜、葱、姜、料酒、大料、盐、胡椒粉、食用油各适量。

风味阳春面

主料： 手工阳春面 300 克，小白菜 100 克。

辅料： 葱、盐、味精、黑醋、酱油、猪油各适量。

制作方法

1. 将盐、味精、黑醋、酱油、猪油放入汤盘中，倒入适量沸水待用。

2. 锅中注入足量清水，加入面条煮熟，捞出后放入冷开水片刻，沥干水分，放入装有酱料的汤盘中。

3. 食用时拌上余熟的小白菜、撒上葱末即可。

【营养功效】 小白菜是蔬菜中含矿物质和维生素最丰富的菜。

小贴士

　　阳春面也有葱油干拌的外加一碗汤，吃起来又是另一番风味。

排骨粉

主料： 通心粉 250 克，排骨 200 克。

辅料： 洋葱、炸花生、姜、生抽、食用油、料酒、淀粉、盐各适量。

制作方法

1. 排骨洗净，用盐、生抽、料酒、淀粉、食用油腌渍片刻；通心粉浸泡片刻；洋葱洗净，切片待用。

2. 锅中烧沸适量清水，加入通心粉煮沸，反复加入凉水数次，直至通心粉熟透，捞出沥干待用。

3. 锅中倒入食用油烧热，加入姜片、洋葱爆香再放入排骨煎至两面金黄。

4. 锅中倒入适量清水焖煮 5 分钟，待排骨熟烂时投入通心粉，加盐调味即可。

【营养功效】 猪排骨可提供人体生理活动必需的优质蛋白质。

小贴士

　　适用于气血不足、阴虚纳差、湿热痰多等人群。

鸡肉粉皮

制作方法

1. 鸡腿洗净，取肉切丝，红椒洗净，切粒待用，葱切末，粉皮切条待用。

2. 锅中倒油烧热，放入红椒爆香，再加入鸡丝、盐、味精炒熟，起锅待用。

3. 将红椒、鸡丝与粉皮一起拌匀，再调入酱油、辣椒油，撒上葱末即可。

【营养功效】鸡肉对虚劳瘦弱、中虚食少、头晕心悸、月经不调等人群滋补作用尤为明显。

小贴士

红椒应以果皮坚实、肉厚质细、脆嫩新鲜、无虫咬黑点者为上品。

主料：粉皮 1 张，鸡腿 1 个。

辅料：红椒、葱、盐、味精、辣椒油、酱油各适量。

上海虾米葱油面

制作方法

1. 将虾米用料酒泡发；葱洗净，葱白切段，葱叶切末。

2. 锅内倒油烧热，用大火烧至冒烟时，放葱白段煎炒 1 分钟。

3. 葱色转黄时加虾米煸炒，加入酱油、糖炒至葱色将近变黑时出锅。

4. 面条放入沸水锅煮熟，盛入装有酱油的碗里，再倒入虾米，撒上葱末即可。

【营养功效】葱能通阳活血、发汗解表。

小贴士

脑力劳动者尤宜常食葱。

主料：面条 160 克，葱、虾米各 20 克。

辅料：食用油、酱油、糖、料酒各适量。

肉酱铺盖面

主料： 面条 300 克，白菜叶 50 克，牛肉 80 克，鸡蛋 1 个。

辅料： 姜、葱、蒜、盐、食用油、豆瓣酱各适量。

制作方法

1. 牛肉洗净，切末。

2. 锅入食用油加热，爆香蒜、姜，放入牛肉末炒熟，再加豆瓣酱炒出香味，盛出，净锅放油煎熟鸡蛋。

3. 将白菜、面条煮熟盛碗中。

4. 碗中放入炒好的牛肉末，放上煎蛋，撒上葱末即可。

【营养功效】 白菜具清热除烦、解渴利尿、通利肠胃的功效。

小贴士

牛肉与红糖不可同食。

京味打卤面

主料： 五花肉、面条、鸡蛋、口蘑、鲜香菇、黄花菜、黑木耳各适量。

辅料： 香菜、葱、蒜、姜、香油、盐、老抽、花椒、味精、食用油各适量。

制作方法

1. 黄花菜、木耳、口蘑分别泡发；蒜切末，鲜香菇洗净后切片；鸡蛋打散；将葱、姜、五花肉入锅煮熟，取出切片。

2. 香菇、黄花菜、黑木耳、口蘑连同肉汤和蘑菇水共炖 20 分钟，加盐、味精、老抽调味入鸡蛋液，倒入汤盆，卤即做成。

3. 将适量花椒和蒜末加香油、食用油炸香，浇在做好的卤上。

4. 另外开锅煮面，面熟后捞碗中，加入五花肉和卤汁，撒上香菜即可。

【营养功效】 提供热量及氨基酸。

小贴士

患有皮肤瘙痒症者忌食。

武汉热干面

制作方法

1. 猪肉馅入油锅翻炒，加萝卜干末炒匀，至肉末变白，倒入清水煮沸。

2. 加入芝麻酱、辣椒油、生抽、榨菜丝拌制成肉酱，面条加盐以中火煮熟，捞出沥干。

3. 面条入油锅搅散，出锅后铺上肉酱、葱末即可。

【营养功效】榨菜能健脾开胃、补气添精、增食助神。

小贴士

　　孕妇，糖尿病、高血压患者等不宜多食榨菜。

主料： 碱水面 500 克，猪肉馅、榨菜丝各适量。

辅料： 萝卜干、葱、芝麻酱、辣椒油、生抽、食用油各适量。

牛肝菌酱炒面

制作方法

1. 柳松菇切成小段；牛肝菌泡水浸软；面条放入沸水中煮软。

2. 锅中倒入食用油烧热，再加入芹菜末、蒜末爆香，加入鸡柳快炒至三分熟后，加入柳松菇微炒。

3. 加料酒，稍煮，加入牛肝菌及泡牛肝菌的水，放入圣女果和鸡高汤煮沸，再放面条、盐、胡椒粉炒匀即可。

【营养功效】 牛肝菌具有祛风散寒、舒筋活络的功效。

小贴士

　　牛肝菌营养丰富，烹调后口味异常鲜美。以之烧炒，成菜口感舒畅，味道鲜美；用之煲汤，菌香溢四座，香郁爽滑。

主料： 意大利面 200 克。

辅料： 鸡高汤、干牛肝菌、柳松菇、圣女果、鸡柳、料酒、蒜末、食用油、芹菜末、盐、胡椒粉各适量。

韩式炸酱面

主料: 面条 250 克,炸酱、五花肉、胡萝卜、青椒、黄瓜适量。

辅料: 洋葱、食用油、料酒、白胡椒、糖、鸡粉、葱酱各适量。

制作方法

1. 五花肉切丝,用料酒和白胡椒腌渍;其他主料切成丝,取出炸酱调入水稀释。

2. 油锅放入葱酱爆香,放入肉丝炒至变色,加入洋葱和胡萝卜炒至软,放酱小火翻炒,放入黄瓜和青椒,加糖、鸡粉调味,做成炸酱。

3. 面条煮熟,捞出过凉水,取适量炸酱拌入面条即可。

【营养功效】洋葱营养价值极高。

小贴士

眼疾、食管炎、胃肠炎患者忌食。

云吞面

主料: 碱水面、猪肉、云吞皮各适量。

辅料: 香油、胡萝卜、甜玉米粒、鸡蛋、生菜、葱、姜、淀粉、盐、胡椒粉各适量。

制作方法

1. 猪肉洗净剁末,甜玉米粒洗净剁碎,胡萝卜洗净刨丝。

2. 将姜、葱、盐、胡椒粉、淀粉加入肉末,打入蛋搅匀至起胶,加玉米碎、胡萝卜丝拌拌成肉馅。

3. 将肉馅放入云吞皮,对折,将靠近自己两个角粘在一起。

4. 将云吞、面条放入沸水锅,至沸腾片刻,放入生菜略煮,加盐、香油即可。

【营养功效】滋阴、润燥、滋肝阴。

小贴士

舌苔厚腻者忌食猪肉。

制作方法

1. 胡萝卜、白萝卜、小茴香、桂皮、大料入汤锅煮。

2. 香油炒香葱，加冰糖炒融，加各种酱炒香，入汤锅煮沸，加其他辅料。

3. 汆牛腩、洗净，入汤炖 40 分钟。

4. 米粉煮熟，倒汤入米粉，加牛腩，放所需食材即可。

【营养功效】牛腩可补中益气，强健筋骨。

小贴士

皮肤过敏不宜食牛腩。

红烧牛腩粉

主料： 牛腩 300 克，米粉 250 克。

辅料： 青菜、白萝卜、胡萝卜、葱、姜、蒜、辣椒、小茴香、桂皮、大料、冰糖、番茄酱、豆瓣辣酱、酱油、白胡椒粉、盐、料酒、糖、香油各适量。

制作方法

1. 将虾洗净切段，五花肉切丁，加鲜鱼露、料酒、香油、胡椒粉、姜末拌成馅。

2. 将肉馅放入馄饨皮，对角折捏，再由左、右两侧拉回集中捏紧，成"云吞"。

3. 将云吞、挂面放入沸水锅，煮熟，入碗。

4. 将高汤、虾米加盐煮沸，倒入面碗，撒上葱末即可。

【营养功效】 虾具有补气健胃、壮阳补精等功效。

小贴士

虾与含维生素 C 的食物相克，不宜配炒。

鲜虾云吞面

主料： 家常挂面 100 克，馄饨皮、对虾、五花肉、高汤、虾米、葱、姜各适量。

辅料： 鲜鱼露、料酒、香油、胡椒粉、盐各适量。

烧鹅濑粉

主料： 烧鹅腿 1 只，濑粉 300 克。

辅料： 菜心、葱、盐、味精各适量。

制作方法

1. 锅中注入适量清水，倒入濑粉煮熟，下盐、味精调味，出锅后连汤装碗。

2. 将烧鹅腿块、菜心铺于碗面，撒下葱丝即可。

【营养功效】 鹅肉含人体生长发育所必需的各种氨基酸，对人体健康有利。

小贴士

配上咸萝卜粒，更加鲜爽惹味。

牛筋丸面

主料： 鸡蛋面 150 克，牛筋丸 100 克，生菜 50 克。

辅料： 盐、味精、高汤各适量。

制作方法

1. 煮沸适量高汤，加入牛筋丸煮熟，撒下盐、味精调味。

2. 另外开锅，注入适量清水，加入鸡蛋面煮熟放入生菜略煮，捞出装碗待用。

3. 盛适量高汤，连同牛筋丸一起装面碗中，即可。

【营养功效】 生菜中含有膳食纤维和维生素C，有消除多余脂肪的作用。

小贴士

牛肉丸可分为牛肉丸、牛筋丸两种。

制作方法 ○ •

1. 将籼米粉、淀粉、澄面粉、盐及生油一起混匀，再加清水调成粉浆，洗净白洋布，猪肉片洗净，用盐、淀粉及生抽腌好。

2. 白洋布浸水，平铺在蒸盆上，倒入粉浆，推平，铺上猪肉、葱末，上笼蒸约2分钟。

3. 蒸熟后拉去白布，将面皮卷成肠粉，加入芝麻酱、熟食用油、辣酱即可。

【营养功效】健脾养胃、益精强志、聪耳明目。

小贴士

生葱与鸡蛋相克，不宜同食。

潮州肠粉

主料：籼米粉240克，猪肉片100克。

辅料：淀粉、澄面粉、生抽、盐、葱、食用油、芝麻酱、辣酱各适量。

制作方法 ○ •

1. 煮沸高汤，加入猪肉丸、牛肉丸、牛筋丸、鱼蛋煮熟，下盐调味。

2. 将鸡蛋面入清水锅煮熟捞入碗中；用沸水稍焯生菜。

3. 将高汤连同猪肉丸、牛肉丸、牛筋丸、鱼蛋倒入面碗中，铺生菜，加味精即可。

【营养功效】鱼蛋具清热解毒、止嗽下气等功效。

小贴士

生菜可能有农药化肥的残留，烹饪前一定要浸泡洗净。

潮州四宝面

主料：鸡蛋面150克，猪肉丸、牛肉丸、牛筋丸、鱼蛋、生菜各50克。

辅料：盐、味精、高汤各适量。

原汤桂林米粉

主料： 桂林米粉200克，猪杂、牛杂200克。

辅料： 姜、葱、盐、胡椒、香油各适量。

1. 洗净猪杂、牛杂，加姜放入沸水小火炖熟。

2. 同时，泡米粉至软而涨起，置入大碗。

3. 将猪杂、牛杂放入米粉碗，加葱花、盐、胡椒、香油，浇上炖汁，即可。

【营养功效】猪肉、牛肉具补气血、健脾胃、补虚弱、和胃调中等多种功效。

小贴士

肝火偏旺者不宜多食。

田螺鸡米粉

主料： 桂林米粉200克，田螺肉、鸡肉、骨头汤各适量。

辅料： 香料、老抽、味精、糖、醋、淀粉、辣酱、香菜各适量。

1. 田螺肉、鸡肉洗净，均切末；香菜洗净，切段

2. 将田螺肉、鸡肉加香料、老抽、味精、糖、醋、淀粉、少量骨头汤拌匀，下油锅炒熟。

3. 将骨头汤加热，投入米粉烫熟，放上食材，撒香菜，食时，加点辣酱即可。

【营养功效】田螺有清热明目、利水通淋等功效。

小贴士

田螺性寒，胃寒者忌食。

四川凉粉

制作方法

1. 一勺粉加一勺凉开水搅拌均匀，倒入五勺量的沸水里快速搅匀。

2. 小火煮至冒泡，稍凉倒进容器冷藏至凝固。

3. 食用时加盐、糖、陈醋、酱油、蒜蓉、葱末，油辣子拌匀即可。

【营养功效】消暑开胃。

小贴士

阴虚火旺者忌食大蒜。

主料： 粉 100 克，凉开水 100 毫升，煮沸的水 300 毫升。

辅料： 盐、糖、陈醋、酱油、蒜、葱、油辣子各适量。

鱼蛋米粉

制作方法

1. 将米粉放入沸水稍煮，沥干。

2. 将鱼蛋、牛腩萝卜汤汁煮沸，入米粉煮 2 分钟，加盐调味。

3. 氽熟生菜，铺于鱼蛋粉表面即可。

【营养功效】 鱼肉有滋补健胃、利水消肿等功效。

小贴士

适宜于生长发育、术后、病后调养的人群。

主料： 新鲜米粉 300 克，鱼蛋 150 克，生菜 50 克。

辅料： 盐、牛腩萝卜汤汁各适量。

沙爹牛肉意粉

主料: 意粉 100 克, 牛肉片、沙爹汁、上汤、草菇、韭黄各适量。

辅料: 盐, 胡椒, 油, 鸡粉各适量。

制作方法

1. 用盐水煮熟意粉, 沥水。

2. 煮沸上汤, 放草菇、韭黄, 加盐、胡椒、鸡粉煮沸, 倒入意粉, 煮熟, 捞入盘中。

3. 油炒牛肉, 加沙爹汁慢火炒匀, 置意粉上即可。

【营养功效】 牛肉具健脾益肾、补气养血等功效。

小贴士

感染性疾病和发热期间忌食牛肉。

粉皮竹荪

主料: 竹荪 120 克, 粉皮 250 克。

辅料: 高汤、盐、香菜、料酒各适量。

制作方法

1. 竹荪、粉皮先氽水。

2. 沙锅上火, 加入高汤、竹荪、粉皮、料酒, 小火煲 20 分钟, 加盐调味, 放上香菜即可。

【营养功效】 竹荪能护肝脏, 减少腹壁脂肪积存, 有降血压、降血脂和减肥的效果。

小贴士

脑力工作者、失眠及肥胖等人群可常食竹荪。

酸辣凉粉

制作方法

1. 黄凉粉洗净，切条，撒上蒜泥。

2. 小火煸炒花椒2分钟，凉后剁碎；豆豉剁碎。

3. 用红油小火煸炒豆豉碎、花椒碎，再加盐、糖、生抽、香醋、香油调拌匀成味汁，浇在凉粉上，撒葱末即可。

【营养功效】提高抗病能力和康复能力，清凉解暑。

小贴士

一般人群均可食用。

主料： 黄凉粉300克。

辅料： 盐、糖、生抽、香醋、香油、花椒、蒜、豆豉、葱、红油各适量。

山寨牛肉粉丝

制作方法

1. 煮好粉丝，过冷水。

2. 用姜蓉、蒜蓉起锅，放炸菜丝、芹菜丝，加水，倒入粉丝，待水烧沸，加牛肉丝，至熟。

3. 放上盐、红椒即可。

【营养功效】牛肉具健脾益肾、补气养血、强筋健骨功效。

小贴士

高血脂患者慎食牛肉。

主料： 牛肉丝150克，炸菜丝50克，粉丝100克，芹菜丝50克。

辅料： 食用油、盐、红椒、姜、蒜各适量。

泰式酸辣牛仔粉

主料： 牛排、米粉、芋头、柠檬、香菜各 20 克。

辅料： 红烧汤头、醋、姜、葱、红椒、花椒、辣椒粉、辣椒油、糖、鸡粉各适量。

制作方法

1. 将红烧汤头加醋、姜、芋头、葱、红椒、花椒、辣椒粉、辣椒油炖煮约 10 分钟，即可成酸辣汤汁。

2. 放入牛排，熬煮约 8 分钟，加糖、鸡粉。

3. 将氽烫过的米粉入碗，放入牛排，浇入汤汁，食时附上柠檬片、香菜即可。

【营养功效】 牛肉具补气养血功效。

小贴士

患有龋齿者和糖尿病患者慎食柠檬。

冬瓜虾米粉丝汤

主料： 冬瓜 200 克，虾米 15 克，粉丝 50 克。

辅料： 葱、姜、醋、鸡精、香油、盐各适量。

制作方法

1. 冬瓜去皮去瓤，切薄片；虾米洗净，泡发。

2. 爆香姜，入冬瓜翻炒片刻，加入水烧沸。

3. 倒入虾米，加粉丝，大火煮沸，转小火煮熟。

4. 调入盐、醋、鸡精、香油，撒上葱末即可。

【营养功效】 冬瓜具利尿消肿、清热解暑等功效。

小贴士

久病与阳虚肢冷者忌食冬瓜。

南宁老友粉

制作方法

1. 中火煸炒肉末、蒜泥、豆豉、辣椒酱,加料酒炒香。

2. 加酸笋丝、番茄丁翻炒,加米醋、生抽翻炒几下,入适量水加盖大火烧滚30秒。

3. 加米粉煮熟,撒胡椒粉、姜粉即可。

【营养功效】猪肉补虚滋阴,米粉益气和胃。

小贴士

猪肉尤其适宜阴虚不足、贫血者食用。

主料: 新鲜米粉150克。

辅料: 肉、酸笋、蒜、豆豉、辣椒酱、番茄、米醋、料酒、生抽、胡椒粉、姜粉各适量。

鸡丝炒银针粉

制作方法

1. 银针粉冲净,沥干,加调味料拌匀,鸡肉切丝,拌入生抽、盐、糖、淀粉待5分钟,

2. 香菇切丝,豆芽冲净,韭黄切段,蜜豆氽水。

3. 将鸡丝、蒜泥、蜜豆、香菇及银针粉炒透,加韭黄、豆芽猛火翻炒即成。

【营养功效】益五脏,补虚损,健胃强筋。

小贴士

感冒发热者忌食鸡肉。

主料: 银针粉400克,鸡腿肉、香菇、豆芽、韭黄、蜜豆各30克。

辅料: 蒜、生抽、盐、糖、淀粉、香油、胡椒粉各适量。

洋葱炒米粉

主料: 干米粉、洋葱、熟笋、香菇、猪瘦肉、虾米各 20 克。

辅料: 葱、油、酱油、味精、高汤适量。

制作方法

1. 烫熟米粉, 沥干; 洋葱、笋、香菇、猪瘦肉分别切成丝。

2. 将洋葱丝、虾米、笋丝、肉丝、香菇丝爆香炒熟, 倒入高汤后, 加酱油、味精煮沸。

3. 放米粉用筷子拌炒, 至汤料略微收干, 撒葱段拌匀即可。

【营养功效】 降低血压, 预防血栓形成。

小贴士

热病患者应慎食洋葱。

娃娃菜番茄粉丝锅

主料: 干粉丝 100 克。

辅料: 番茄、娃娃菜、葱、盐、胡椒粉、香油、高汤、肉各适量。

制作方法

1. 粉丝泡软, 沥干; 洗净肉、菜, 切好, 爆香肉末。

2. 将番茄放入高汤, 煮沸。

3. 放入粉丝、娃娃菜, 中火慢煮。

4. 待再次煮沸, 加入肉末、盐、胡椒粉拌匀, 撒葱花, 淋香油即可。

【营养功效】 娃娃菜具养胃生津、利尿通便等功效。

小贴士

适宜作为美容保健食品, 可常食。

制作方法

1. 将葱、南瓜、猪肉切丝；粉丝开水余烫，沥干。

2. 爆香葱丝，加入肉丝、南瓜丝、粉丝，再加高汤、糖、酱油、盐炒匀。

3. 翻炒收汁至熟，撒胡椒粉，淋入香油即可。

【营养功效】降低血糖，保护胃黏膜，帮助消化。

小贴士

服中药期间不宜食南瓜。

南瓜炒粉

主料：南瓜 150 克，猪里脊肉、粉丝各 20 克。

辅料：食用油、盐、酱油、糖、胡椒粉、香油、葱、高汤各适量。

制作方法

1. 牛肉切小条，拌入淀粉、水、鸡蛋清、食用油、酱油腌至入味，过油。

2. 将蔬菜洗净切条状。

3. 炒香葱段、姜丝，加牛肉、各色辣椒、洋葱拌炒；加高汤、酱油、鸡粉、糖，再用淀粉水勾芡。

4. 煮熟冬粉，放上食材，淋上汤，撒黑胡椒即可。

【营养功效】此菜富含膳食纤维，有促进肠胃蠕动，增进食欲的功效。

小贴士

牛肉不宜与橄榄同食，否则会引起身体不适。

黑胡椒牛肉
冬粉

主料：牛里脊肉250克，冬粉250克。

辅料：青椒、红椒、黄椒、洋葱、黑胡椒、酱油、葱段、姜丝、糖、鸡粉、鸡蛋清、淀粉、食用油各适量。

家常炒河粉

主料：河粉300克，猪瘦肉、绿豆芽、青菜各20克。

辅料：胡椒粉、淀粉、葱、蒜、酱油、食用油适量。

1. 猪瘦肉切片；绿豆芽、青菜洗净，切整齐；蒜剁蓉；葱切段。

2. 爆蒜，加肉片和胡椒粉，翻炒至肉片半熟。

3. 加入绿豆芽、河粉、盐，翻炒均匀，加葱段、酱油，翻匀即可。

【营养功效】补虚滋阴，解热除烦。

小贴士

猪肉忌与羊肝、甲鱼同食。

泰式炒米粉

主料：绿豆芽340克，米粉、鸡蛋、油炸花生米各适量。

辅料：柠檬汁、番茄酱、红糖、鱼露、食用油、蒜、青椒、葱各适量。

1. 将绿豆芽汆沸水，沥干，沸水煮熟米粉，过冷水。

2. 鸡蛋加盐，打散；将柠檬汁、番茄酱、红糖、鱼露搅成酱汁。

3. 爆香蒜，加青椒略炒。

4. 鸡蛋炒熟，加青椒、酱汁、绿豆芽、米粉、花生米、葱炒匀即成。

【营养功效】降血脂，美肌肤，助消化。

小贴士

高热、腹泻、肝炎等患者忌食鸡蛋。

干炒火腿鸡丝粉

制作方法

1. 烫熟细米粉，盖盖焖约 5 分钟；烧鸡肉、火腿切丝；韭菜洗净切段；银芽洗净去尾。

2. 用食用油爆蒜，加银芽、韭菜略炒，加水、烧鸡肉、火腿与所有调味料，米粉炒至汤汁收干即可。

【营养功效】益肝健胃，增强体质。

小贴士

胃肠虚弱者不宜多食韭黄。

主料：细米粉 200 克，烧鸡肉、火腿、韭菜、银芽各适量。

辅料：蒜、熟白芝麻、蚝油、酱油、糖、胡椒粉、食用油各适量。

鱼露海鲜炒米粉

制作方法

1. 泡软米粉；用盐、料酒腌虾仁 10 分钟，炒熟。

2. 爆香洋葱，放米粉用筷子拌匀。

3. 加鱼露、酱油、糖拌匀，炒熟，加入金针菇拌炒匀，放入虾仁即可。

【营养功效】抵抗疲劳，防病健身。

小贴士

虾忌与柿子、山楂等水果同吃，至少应隔2小时。

主料：米粉 200 克，鱼露、洋葱、虾仁、金针菇各 20 克。

辅料：酱油、糖、盐、料酒各适量。

三鲜炒粉丝

主料：鸡蛋1个，粉丝、鳗鱼干、虾干、胡萝卜各30克。

辅料：生抽、料酒、葱、食用油、盐各适量。

制作方法

1. 胡萝卜、鳗鱼干洗净切丝；泡软粉丝；打散鸡蛋，炒成块状；葱切段。

2. 炒熟胡萝卜、鳗鱼干、虾干，放粉丝翻炒，加生抽、料酒煸炒。

3. 放入鸡蛋、葱、盐煸炒片刻即可。

【营养功效】补虚养血，祛湿抗痨。

小贴士

感冒、发热红斑狼疮患者不宜食鳗鱼。

芙蓉炒蟹粉

主料：蟹粉150克，鸡蛋6只。

辅料：高汤、葱、盐、水淀粉各适量。

制作方法

1. 倒出蛋清，加高汤、盐搅匀；葱切末。

2. 炒熟蛋清盛盘中。

3. 煸炒蟹粉，加盐、水淀粉，倒蛋清上，撒葱末即可。

【营养功效】滋阴益血。

小贴士

吃蟹和蛋后1小时内忌饮茶水。

雪菜烤鸭丝炒米粉

制作方法

1. 泡软米粉，沥干；烤鸭胸肉去骨切丝；雪菜洗净切丁。

2. 小火煎米粉至两面稍黄。

3. 中火稍炒姜末、雪菜、鸭肉丝，加入所有调味料拌炒入味，再放米粉小火慢炒至汤汁稍干，加韭黄、豆芽略炒即可。

【营养功效】 滋阴补虚，清热健脾。

小贴士

鸭肉忌与鸡蛋、甲鱼肉同食。

主料： 米粉、烤鸭胸肉、雪菜、豆芽、韭黄各30克。

辅料： 高汤、姜、蚝油、盐、鸡精、糖、胡椒粉各适量。

炒银针粉

制作方法

1. 将银针粉蒸约3分钟，用香油拌开。

2. 打散鸡蛋煎成蛋皮，切丝。

3. 小火炒肉丝、青椒丝，红椒丝，放银针粉与所有调味料一起炒至均匀，加韭黄、豆芽拌炒匀，撒蛋丝即可。

【营养功效】 健脾开胃。

小贴士

多食不易消化，消化不良者慎食。

主料： 银针粉、肉丝、青椒丝、红椒丝、豆芽、韭黄、鸡蛋各30克。

辅料： 盐、鸡精、香油、胡椒粉各适量。

雪花冬粉

主料: 干冬粉丝、白菜叶茎、净马蹄、芹菜、青蒜、蛋清各适量。

辅料: 淡奶、盐、胡椒粉、水淀粉、高汤、食用油各适量。

制作方法

1. 干冬粉丝剪段；白菜叶茎、马蹄、青蒜、芹菜切丝。

2. 略炒青蒜、白菜叶茎丝、马蹄丝，加高汤、淡奶、盐，煮沸后用水淀粉勾芡，加入蛋清，撒芹菜丝、胡椒粉，煲沸。

3. 用食用油炸干冬粉丝至膨胀，浇上菜、肉汁即可。

【营养功效】排毒养颜，增强体质。

小贴士

腹泻者尽量忌食大白菜。

渔家炒米粉

主料: 湿米粉600克，豆芽菜、香菜、肉酱罐头、蕃茄鲭鱼罐头各适量。

辅料: 洋葱、胡椒粉适量。

制作方法

1. 洋葱切丝；夹碎鱼；切短湿米粉；香菜切末。

2. 爆香洋葱至软，加肉酱拌炒，加鱼炒匀，再加水、胡椒粉煮沸。

3. 放米粉，翻炒至吸收汤汁，加豆芽菜，翻炒至米粉变透汁干，熄火焖1分钟，撒上香菜即可。

【营养功效】预防肿瘤，清热解毒。

小贴士

气虚体弱、多汗者慎食香菜。

制作方法

1. 鱼翅加姜汁、料酒氽水沥干。

2. 用食用油略炒姜、葱，投入蟹粉煸香，烹料酒、香醋，加鸡汤、盐、鸡粉。

3. 放入鱼翅烧透，撒胡椒粉，水淀粉勾芡即可。

【营养功效】 清热解毒，滋阴补气。

小贴士

脾胃虚寒者不宜多食蟹。

蟹粉烩翅

主料: 鱼翅 150，蟹粉 100 克。

辅料: 鸡汤、姜、葱、盐、鸡粉、胡椒粉、料酒、姜汁、水淀粉、食用油、香醋各适量。

制作方法

1. 鸡腿肉洗净，隔水蒸约 20 分钟，分块状。

2. 切开虾仁背脊，将米粉用沸水煮 9 成熟，过凉水。

3. 炒虾仁至半熟，放鸡肉一起炒，加盐。

4. 米粉加鸡汁、椰浆，稍焖收汁，拌点生抽、番茄酱。

5. 加糖、盐、辣椒粉炒匀，放上香菜即可。

【营养功效】 益气养血，补肾益精。

小贴士

鸡肉不宜与芝麻、芥末等同食。

鸡虾美托粉

主料: 鸡腿肉 200 克，生虾仁、绿豆米粉适量。

辅料: 椰浆、番茄酱、糖、盐、生抽、辣椒粉、鸡汁、香菜各适量。

鸡肉白菜粉丝

主料： 熟鸡胸肉 100 克，粉丝、青菜各适量。

辅料： 葱、姜、酱油、盐、食用油各适量。

制作方法

1. 熟鸡胸肉切块，葱切末，姜切末，同拌入盐、酱油调味。

2. 粉丝氽熟，拌入鸡肉。

3. 用开水烫一下青菜，放入粉丝、鸡肉中煎炒熟即可。

【营养功效】补虚损，强筋骨。

小贴士

鸡肉忌与李子食用。

韩式拌粉条

主料： 韩式冬粉 150 克，菠菜 50 克，胡萝卜 50 克，牛肉丝 50 克。

辅料： 白芝麻、干香菇、黑木耳、洋葱、葱、香油、生抽、糖、盐、食用油各适量。

制作方法

1. 香菇、黑木耳、洋葱、胡萝卜洗净，切丝；葱、菠菜洗净切段。

2. 用温水泡软冬粉，入沸水煮3分钟，过冷水。

3. 将食用油倒入锅中加热，放入葱段、洋葱丝、牛肉丝、胡萝卜丝、香菇丝、黑木耳丝和菠菜段，大火炒熟。

4. 加冬粉混合，加入盐、糖、生抽、香油、白芝麻拌匀即可。

【营养功效】补血明目，祛风润肠，生津通乳，益肝养发。

小贴士

男子阳痿、遗精者忌食白芝麻。

制作方法 ○．

1. 牛肉切丝，加酱油、淀粉、白酒、油拌匀腌10分钟。

2. 胡萝卜切丝；粉丝剪开，泡软；姜、蒜切蓉。

3. 金针菇洗净汆水。

4. 爆香姜、蒜蓉，加牛肉丝炒至肉色稍变，加金针菇，炒匀，加沙茶酱、盐、糖拌炒，最后加粉丝、水，放胡萝卜炒匀即可。

【营养功效】增强抵抗力，滋养脾胃。

小贴士

脾胃虚寒者不宜食太多金针菇。

沙茶金菇牛肉粉

主料：牛肉400克、金针菇、胡萝卜、粉丝各适量。

辅料：蒜、姜、酱油、盐、糖、白酒、食用油、淀粉、沙茶酱各适量。

制作方法 ○．

1. 沸水煮熟粉丝，过冷水；胡萝卜切丁；香菜梗切末；蒜切片。

2. 鸡肉切丝加淀粉、生抽、盐、五香粉拌匀腌10分钟。

3. 炒鸡肉至变色，爆香蒜片，炒软胡萝卜。

4. 粉丝加盐、鸡精、生抽炒匀，拌入鸡肉，撒香菜末，淋香油即可。

【营养功效】健脾胃，强筋骨。

小贴士

高血压病人和血脂偏高者慎食鸡肉。

鸡肉炒粉丝

主料：鸡肉300克，粉丝200克，胡萝卜、香菜梗各适量。

辅料：淀粉、生抽、盐、五香粉、香油、鸡精、蒜各适量。

虾仁伊府面

主料: 全蛋面 150 克, 虾仁 100 克, 香菇、荷兰豆、胡萝卜各适量。

辅料: 高汤、酱油、料酒、盐、糖、胡椒粉、葱、姜、食用油各适量。

制作方法

1. 荷兰豆、虾仁洗净, 香菇、胡萝卜切片, 全部汆水。

2. 将面放入沸水锅煮 3 分钟, 捞出。

3. 热锅入食用油, 放姜炝锅, 加酱油、料酒、高汤, 再加虾仁、香菇、胡萝卜、全蛋面, 小火煮至浓稠, 加盐、糖、胡椒粉、荷兰豆煮匀, 淋油, 撒葱末即可。

【营养功效】虾可促进人体新陈代谢。

小贴士

虾, 过敏者忌食。

蟹肉伊面

主料: 花蟹 2 只, 伊面、葱、朝天椒、蒜适量。

辅料: 料酒、蚝油、盐、老抽、白胡椒粉、高汤各适量。

制作方法

1. 葱洗净切末; 朝天椒去籽切碎; 蒜切薄片。

2. 花蟹洗净, 留盖, 其他斩块。

3. 将伊面放入沸水锅烫软, 过凉。

4. 煸炒蒜片至金黄, 下蟹翻炒片刻, 加蚝油、老抽、白胡椒粉、盐、适量高汤, 炒匀。

5. 加伊面续炒, 倒入高汤焖至收汁, 待焦香淋料酒, 撒葱、朝天椒即可。

【营养功效】蟹具清热解毒、补骨添髓等功效。

小贴士

腹痛隐隐者忌食蟹。

制作方法

1. 将面条煮至八成熟，过冷水。

2. 黄瓜、火腿、香菇切丁，姜切末，香菇、荷兰豆汆熟。

3. 用姜、醋、酱油、香油调成姜醋汁，芝麻酱、盐、凉开水调成芝麻酱汁，豆瓣酱、辣椒油、香油、高汤调成辣酱汁，芥末、酱油、醋、香油调成芥末汁。

4. 将黄瓜、火腿、香菇、荷兰豆撒在凉面上，配上4种酱汁即可。

【营养功效】清热解毒。

小贴士

素体虚寒、胃弱易泻者少食。

四味凉面

主料: 面条 150 克，熟火腿 100 克，黄瓜 150 克。

辅料: 香菇、荷兰豆、姜、醋、酱油、盐、香油、辣椒油、芝麻酱、豆瓣酱、芥末、高汤各适量。

制作方法

1. 猪肉、香菇、黄瓜分别切丝；青椒、红椒去籽切丝。

2. 将挂面放入沸水锅煮熟，置碗中。

3. 煸炒肉丝至断生，加入葱末、姜末、酱油，翻炒入味，再加入香菇、黄瓜、青椒、红椒略炒，放面上。

4. 煮沸高汤，加醋调味，倒入面即可。

【营养功效】猪肉能为人体提供优质蛋白质和必需的脂肪酸。

小贴士

肺寒咳嗽者应少吃黄瓜。

酸辣三丝面

主料: 挂面 150 克，猪瘦肉、香菇、黄瓜各 100 克。

辅料: 高汤、食用油、青、红椒、醋、葱、姜、盐、酱油各适量。

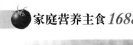

鱿鱼羹面

主料： 鱿鱼、白菜、香菇各 50 克，面条 200 克。

辅料： 鸡汤、酱油、水淀粉、盐、辣酱、食用油各适量。

制作方法

1. 鱿鱼洗净切丝，汆水；白菜、香菇洗净切丝。

2. 将香菇、白菜、鱿鱼丝入油锅翻炒至八成熟，加入鸡汤、盐、酱油、辣酱，入水淀粉，待汤黏稠。

3. 将面条放入沸水锅煮熟，倒入鱿鱼羹即可。

【营养功效】 鱿鱼具预防血管硬化、胆结石形成的功效。

小贴士

脾胃虚寒的人应少食鱿鱼。

鸡翅香菇面

主料： 家常切面 200 克，酱鸡中翅、西芹、水发香菇适量。

辅料： 鸡清汤、食用油、葱、姜、盐各适量。

制作方法

1. 西芹切段；香菇切片。

2. 将切面放入沸水锅煮熟，置碗中。

3. 待锅热，放入葱末、姜末炝锅，加鸡清汤、酱鸡中翅、西芹、香菇、盐，煮沸倒入面碗即可

【营养功效】 鸡肉具温补脾胃、益气养血等功效。

小贴士

鸡肉多食容易生热动风。

潮州双丸面

制作方法

1. 煮沸高汤，加入鱼蛋、牛肉丸煮熟，加盐。

2. 将鸡蛋面投入清水锅煮熟，沥干；沸水稍氽生菜。

3. 将鱼蛋、牛肉丸至面上，倒入高汤，铺上生菜即可。

【营养功效】鱼肉可滋补健胃；牛肉可补气养血。

小贴士

　　高热患者、肾脏病患者、蛋清过敏者、老年人忌食。

主料：鸡蛋面150克，鱼蛋、牛肉丸、生菜各50克。

辅料：盐、高汤各适量。

菠菜肉丝汤面

制作方法

1. 葱、姜去皮洗净，切末；猪腿肉洗净，切细丝；菠菜去黄叶和老根，洗净。

2. 锅内入油，烧至八成热后，入葱末，炒出香味，入肉丝，快速炒散，加酱油、料酒、姜末和适量盐，炒至肉丝断生。

3. 面条入沸水锅内，煮熟后捞入几个碗内，放适量汆熟的菠菜、肉丝、加入鲜汤即可。

【营养功效】通肠导便，防治痔疮。

小贴士

　　肠胃虚寒、腹泻者少食。

主料：面条500克，菠菜、猪腿肉各适量。

辅料：食用油、葱、姜、盐、味精、鲜汤、料酒、酱油各适量。

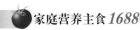

红烧牛腩面

主料： 面条250克，牛腩300克，青菜70克。

辅料： 红烧汤底适量。

制作方法

1. 牛腩切块，用滚水氽烫、洗净；青菜洗净、氽烫。
2. 红烧汤底加牛腩放入炒锅，炖煮约40分钟。
3. 面条烫熟装碗，倒入汤头与肉，放青菜即可。

【营养功效】青菜有助于增强机体免疫能力。

小贴士

牛腩尤其适宜生长发育、术后、病后调养者食用。

咖喱牛肉面

主料： 面条500克，牛肉250克。

辅料： 葱、姜、蒜、盐、料酒、咖喱粉、香油各适量。

制作方法

1. 葱去根洗净、切段；姜去皮洗净，用刀拍松，蒜去皮，洗净切末。
2. 牛肉洗净沥水，入清水锅，加葱段、姜片、蒜末、料酒烧沸，小火煮至肉烂。
3. 加盐、咖喱粉煮至入味，捞出肉晾凉切片，汤备用。
4. 面条煮熟置碗中，放入熟牛肉片，撒葱末，倒入汤，淋香油，即可。

【营养功效】咖喱暖胃，牛肉补脾胃。

小贴士

胃炎、溃疡患者少食咖喱粉。

制作方法

1. 肉切薄片；青菜心洗净。

2. 将沙茶酱放入猪骨汤搅匀，入锅煮沸，改小火加肉片、酱油、鸡精。

3. 面条、青菜心用开水烫熟，入碗，放上肉片，倒入沙茶酱汤，撒上葱末即可。

【营养功效】 猪里脊肉具利二便和止消渴等功效。

小贴士

大便溏泄者不宜多食青菜。

沙茶猪肉面

主料： 面条 200 克，猪里脊肉 100 克，青菜心适量。

辅料： 沙茶酱、猪骨汤、鸡精、葱、酱油各适量。

制作方法

1. 准备好葱、姜、桂皮、大料、萝卜、牛肉，小火煮 1 小时。

2. 加胡椒粉，滤成清汤，加冰糖至融化，加生抽。

3. 加黄瓜片、苹果、柠檬浸汁泡约 2 天。

4. 煮熟面，泡凉，加熟蛋、苹果片、辣白菜、熟牛肉片、萝卜、黄瓜片。

5. 加清汤，淋辣椒油，撒芝麻即可。

【营养功效】 萝卜消积滞，牛肉补气养血。

小贴士

使用浸泡 2 天的汤汁，味道更清香。

韩国荞麦面

主料： 荞麦面 150 克，牛肉 200 克，鸡蛋 1 个，萝卜、熟牛肉、黄瓜、辣白菜各 100 克。

辅料： 葱、姜、桂皮、大料、苹果、胡椒粉、芝麻、冰糖、柠檬汁、辣椒油、生抽各适量。

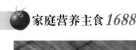

日式豚骨拉面

主料： 细拉面 150 克。

辅料： 豚骨高汤、猪肉片、鸡蛋、玉米粒、海苔、葱、青菜各适量。

制作方法

1. 鸡蛋煮半熟，泡入凉水；热豚骨高汤。

2. 将猪肉片、玉米粒放入豚骨高汤中煮约 25 分钟，青菜氽熟。

3. 细拉面放入沸水氽烫约 5 分钟，入碗。

4. 倒入高汤，放上鸡蛋、肉片、海苔、玉米粒、青菜、葱末即可。

【营养功效】猪肉、鸡蛋均可滋阴润燥。

小贴士

鸡蛋与生葱、蒜相克。

日式锅烧面

主料： 拉面 200 克，猪肉片、去骨鱼肉、调味包、青菜、虾仁各适量。

辅料： 酱油适量。

制作方法

1. 鱼肉切薄片，将面条、调味包、猪肉片、鱼肉片、虾仁入沸水锅煮熟。

2. 起锅前加入青菜略煮一下，加酱油调味即成

【营养功效】鱼肉具清热解毒、止嗽下气等功效。

小贴士

鱼与猪肝同食影响消化。

山药乌冬面

制作方法

1. 将乌冬面汆烫熟，沥干。

2. 将味淋、酱油、料酒、盐放入汤锅煮沸，加柴鱼味素熄火。

3. 将海苔片、蛋黄、山药泥铺于面上，倒入汤汁，撒上海苔粉即可。

【营养功效】蛋黄对预防心脏病有益。

小贴士

鸡蛋与味精相克，对消化及神经系统不好。

主料： 乌冬面1包，海苔片、蛋黄、山药泥、海苔粉各适量。

辅料： 味淋、酱油、料酒、盐、柴鱼味素适量。

豆浆拉面

制作方法

1. 将豆浆、高汤混合煮滚，再加入盐、鸡粉调味。

2. 将海带、豆芽菜、玉米粒入沸水锅汆烫。

3. 将拉面煮软（约2分钟）。

4. 将海带、豆芽菜、玉米粒、叉烧肉片、卤蛋铺于面上，倒入豆浆高汤即可。

【营养功效】豆浆可补虚清热、化痰通淋等。

小贴士

猪肉与百合同食会引起中毒，急性胃炎不宜食用豆制品。

主料： 豆浆400毫升，高汤、拉面、豆芽菜、海带、玉米粒、叉烧肉片、卤蛋各适量。

辅料： 盐、鸡粉各适量。

港式海鲜汤面

主料: 油面 150 克, 鸣户卷、墨鱼、新鲜干贝、鱼肉、虾、草菇、芥蓝、胡萝卜、姜片适量。

辅料: 海鲜火锅高汤粉、盐、白糖、淀粉、白胡椒粉、香油各适量。

制作方法

1. 除油面外, 所有主料洗净, 切好。

2. 油面放沸水锅汆烫, 置碗内, 再将其他主料分别烫熟, 沥干。

3. 海鲜火锅高汤粉加水煮沸。

4. 主料加高汤、盐、糖、淀粉勾薄芡, 倒入面中, 加白胡椒粉、香油即可。

【营养功效】 黑鱼具养血通经、补脾益肾等功效。

小贴士

食海鲜不宜喝啤酒。

芥蓝火腿面

主料: 芥蓝 500 克, 红辣椒、火腿片、方便面各适量。

辅料: 食用油、调味油各适量。

制作方法

1. 把芥蓝用开水汆过。

2. 热油锅, 加红辣椒、芥蓝炒至芽甘蓝熟软。

3. 放入火腿片煸炒 1 分钟, 将面入沸水锅煮熟。

4. 放芥蓝、火腿片、调味油搅匀即可。

【营养功效】 火腿具有养胃生津、益肾壮阳等功效。

小贴士

火腿尤其适宜气血不足者食用。

薄荷肉丸
汤米粉

制作方法

1. 薄荷洗净；蒜切碎；米粉洗净。

2. 锅入食用油烧热炸香蒜；加水、火锅料、肉丸煮开。

3. 加薄荷、米粉煮片刻；加香油即可。

【营养功效】 薄荷能疏散风热、清利头目等。

小贴士

　　阴虚血燥体质、汗多表虚者忌食薄荷。

主料： 薄荷 50 克，米粉 300 克，肉丸、火锅料各适量。

辅料： 食用油、香油、蒜各适量。

沙拉贝壳
通心粉

制作方法

1. 通心粉先煮熟，过凉水，沥干；黄瓜、洋葱切丁；玉米粒氽烫一下；罐头鱼去水分，切块。

2. 根据自己口味混合沙拉酱和番茄酱调配酱汁，将所有主料加酱汁混合均匀后放入冰箱冷藏 1 小时后食用。

【营养功效】 清热解暑，生津解渴。

小贴士

　　脾胃虚弱、腹痛腹泻、肺寒咳嗽者应少食黄瓜。

主料： 贝壳通心粉 150 克，罐头金枪鱼 50 克，黄瓜、洋葱、玉米粒共 150 克。

辅料： 清淡沙拉酱、番茄酱各适量。

豉汁排骨蒸陈村粉

主料： 陈村粉500克，排骨300克。

辅料： 葱、油适量，蒜、豆豉酱、生抽、白糖、淀粉、料酒、香油各适量。

制作方法

1. 将陈村粉切条状，置盘中；

2. 将辅料（除淀粉、香油）放入排骨中，拌匀腌20分钟。

3. 淀粉加清水搅拌排骨，然后铺在粉上；隔水大火蒸10分钟，撒葱末。

4. 食时淋上香油即可。

【营养功效】健脾养胃，益精补血。

小贴士

陈村粉主料是米浆，糖尿病患者不宜多食。

大肠猪肝连米粉

主料： 猪肝连100克，猪大肠200克，虾米10克，粗米粉100克。

辅料： 食用油、猪骨煨汤、盐、葱各适量。

制作方法

1. 将粗米粉放入沸水浸泡。

2. 葱、猪肝连、猪大肠、虾米分别洗净，沥干，切好。

3. 将猪大肠、猪肝连一起氽烫5分钟；

4. 锅入食用油炒香虾米；加入猪大肠、猪肝连，放入猪骨煨汤，煨煮15分钟，捞出猪肝连；续煮20分钟，捞出猪大肠；再加入浸泡好的粗米粉煮5分钟。

5. 切猪肝连、猪大肠；放入汤粉中，撒葱末即可。

【营养功效】猪肝补肝明目；猪大肠祛痰止咳、宁心安神。

小贴士

猪肝忌与鹌鹑一同食用。

皮蛋拌凉粉

制作方法

1. 皮蛋剥壳，切丁；葱洗净，切葱末。

2. 用凉开水冲洗凉粉，沥干；加皮蛋丁；撒上葱末。

3. 将盐、糖、醋、香油调匀成调味汁，倒入凉粉腌 10 分钟，食用时撒上胡椒粉即可。

【营养功效】滋阴清肺。

小贴士

肾炎病人忌食皮蛋。

主料： 皮蛋 2 个，凉粉 300 克。

辅料： 葱、香油、胡椒粉、香醋、盐、糖各适量。

清炖牛肉河粉

制作方法

1. 将所有菜、果洗净，切好。

2. 大火烤香洋葱、姜。

3. 用纱布包洋葱、姜、草果、甘蔗、桂皮、大料制成调料包。

4. 汆牛骨、牛腩 3 分钟。

5. 牛骨、牛腩入沸水，沸时去泡沫杂质；放料包，熬 1.5 小时；加盐，续煮 20 分钟；捞出牛腩切片。

6. 烫熟河粉，放牛腩片，浇汤，撒香菜、葱末、柠檬汁即可。

【营养功效】健脾益肾，补气养血。

小贴士

尤其适合胃寒以及消化弱的人。

主料： 干河粉 200 克，牛骨头 500 克，牛腩 400 克，柠檬 50 克，甘蔗 100 克。

辅料： 红尖椒、姜、紫皮小洋葱、桂皮、大料、草果、香菜，葱、盐各适量。

肉丸粉丝汤

主料：粉丝200克，青菜、葱、肉丸、高汤各适量。

辅料：盐、醋、胡椒粉、香油、辣椒油各适量。

1. 粉丝泡软，沥干；青菜洗净；葱切末。

2. 烧开高汤；放入肉丸煮熟；再放青菜、粉丝煮熟。

3. 加盐、醋、胡椒粉、香油、辣椒油，撒上葱末即可。

【营养功效】青菜清热除烦、通利胃肠；猪肉补虚滋阴、养血润燥。

小贴士

对湿热偏重、痰湿偏盛、舌苔厚腻者等忌食猪肉。

软兜带粉

主料：黄鳝250克，粉丝100克。

辅料：食用油、料酒、酱油、盐、糖、鲜汤、香油、水淀粉、醋、葱、姜、胡椒粉各适量。

制作方法

1. 黄鳝宰杀洗净切段；粉丝洗净，剪短。

2. 将黄鳝炸至七八成熟，沥油。

3. 煸葱、姜，入粉丝煸炒；加料酒、酱油、盐、糖、鲜汤，烧沸。

4. 粉丝推锅边，下黄鳝翻拌同烧至入味，将黄鳝用水淀粉勾芡，加醋、香油。

5. 黄膳段放在粉丝上，撒胡椒粉即可。

【营养功效】补虚养身，增进视力。

小贴士

黄鳝不宜与狗肉、南瓜等同食；腹胀者不宜食用。

制作方法

1. 酸菜丝洗净，攥干；用沸水煮软红薯粉干。

2. 煸炒花椒粉、葱丝、姜丝，酱油；加五花肉片翻炒。

3. 肉变色后加酸菜丝翻炒，再加红薯粉干炒几下，加水略炖收汁，放盐调味即可。

【营养功效】补肾养血，滋阴润燥。

小贴士

湿热痰滞内蕴者慎食五花肉。

小炒渍菜粉

主料： 酸菜丝500克，肥猪五花肉片250克，红薯粉干200克。

辅料：葱、姜、酱油、花椒粉、盐各适量。

制作方法

1. 打散鸡蛋；洋葱、朝天椒切丝；青蒜切段；米粉泡软，沥干。

2. 豆芽去根部，汆烫断生；鲜虾洗净，汆熟；将蛋煎成蛋皮，切丝。

3. 炒香咖喱粉和辣椒粉；放入所需食材；加生抽、糖和盐，翻炒至熟后，加葱段即可。

【营养功效】除湿利尿，增加食欲。

小贴士

患病服药期间不宜食用咖喱。

星洲炒米粉

主料： 米粉70克，鸡蛋1个，鲜虾4只，绿豆芽50克。

辅料：青蒜、洋葱、朝天椒、葱、盐、咖喱粉、辣椒粉、糖、生抽、油各适量。

牛肉配鸡蛋 小粉块

主料： 牛肉 200 克、鸡蛋 1 个、面粉 200 克。

辅料： 黄油、蒜、洋葱、酸菜、番茄汁、辣椒粉、红酒、香菜、盐、胡椒、油各适量。

制作方法

1. 牛肉切块，加盐、辣椒粉、红酒、油腌渍。

2. 黄油炒香洋葱块，加牛肉翻炒至出水，收干加红酒、番茄汁、酸菜、盐煨至肉酥软。

3. 鸡蛋加面粉打浆，放入开水制成蛋粉块。

4. 黄油炒香蒜泥，加鸡蛋粉块翻炒，加盐、胡椒。

5. 将所有食材同放碗中，撒上香菜即可。

【营养功效】健脾益肾，补气养血。

小贴士

鸡蛋与豆类、生葱等相克。

小笼粉蒸 牛肉片

主料： 牛肉 250 克，糯米粉 50 克，油菜 50 克。

辅料： 香菜、葱、食用油、姜、甜面酱、豆瓣酱、料酒、酱油、白糖、味精、淀粉、胡椒粉各适量。

制作方法

1. 牛肉去筋，洗净切片；葱、姜切碎末备用；油菜洗净切段。

2. 牛肉加入各种酱料、米粉拌好。

3. 油菜段铺于蒸屉底，放上牛肉，用沸水大火蒸 1 小时。

4. 食用油爆香葱末，淋牛肉上，撒胡椒粉、香菜即可。

【营养功效】补中益气，强健筋骨。

小贴士

适宜气短体虚、贫血久病者食用。

夜来香肉丸汤米粉

制作方法

1. 夜来香洗净，去头尾切碎，快速灼煮，晾干。

2. 肉丸洗干净切"十字"；蒜、姜、葱切好；米粉洗净晾干。

3. 炸香蒜；加水、肉丸煮至开；加夜来香煮片刻；倒入米粉，加盐、干贝素、香油、葱段煮一下即可。

【营养功效】夜来香具清肝明目、拔毒生肌等功效。

小贴士

　　夜来香的香气会使高血压和心脏病患者感到头晕目眩、郁闷不适，慎用。

主料： 米粉200克，肉丸200克。

辅料： 夜来香、姜、蒜、葱、盐、干贝素、油、香油各适量。

娃娃菜粉丝

制作方法

1. 娃娃菜洗净沥干，去根；粉丝用清水浸泡30分钟，切短置碗底，放上娃娃菜。

2. 爆香蒜蓉，加鸡汤、酱油、盐、香油烧开调成酱汁。

3. 粉丝、娃娃菜大火隔水清蒸10分钟；淋上酱汁熄火虚蒸2分钟，撒上香菜即可。

【营养功效】有助预防结肠癌。

小贴士

　　孕妇应少食或不食粉丝。

主料： 娃娃菜100克，粉丝150克。

辅料： 鸡汤、蒜、香菜、酱油、盐、香油各适量。

炸酱捞面

主料： 肉丁 200 克，面条 200 克，大酱适量。

辅料： 食用油适量。

制作方法

1. 大锅放水烧开，放入面条，煮至面软后闭火，捞出，过凉水，晾凉。

2. 起油锅爆炒肉丁，放大酱加适量水熬成肉酱。

3. 取碗盛入煮好的面条，放入做好的肉酱即可。

【营养功效】补虚滋阴，养血润燥。

小贴士

表虚多汗者忌食。

缤纷炒面

主料： 面条 400 克，泡发香菇 20 克，胡萝卜 200 克，鸡胸肉 50 克，包心菜 150 克。

辅料： 食用油、葱、蚝油、淀粉、料酒、酱油、老抽、糖、盐各适量。

制作方法

1. 鸡胸肉切丝，加料酒、淀粉、酱油腌渍；包心菜、香菇、胡萝卜切丝；葱切末。

2. 热油，炒胡萝卜至出红油，盛出；再炒香葱末；加鸡肉翻炒。

3. 炒至鸡肉变色，加香菇、胡萝卜炒约 3 分钟；加包心菜，炒匀；加盐、糖调味。

4. 煮熟面条，过凉水；面条倒入菜锅，翻炒；加蚝油、老抽炒匀即可。

【营养功效】面健脾厚肠；胡萝卜助消化。

小贴士

脾胃寒湿气滞者忌食香菇。

炒螺丝面

制作方法

1. 面粉加水、盐揉匀；搓长条；摘成 50 个面坯，逐个放入淘箩边上按成螺丝形。

2. 将做好的螺丝面放入沸水锅用大火煮沸，小火略煮，捞出，用清水过凉，沥干。

3. 煸炒肉丝、冬笋片至熟，加料酒、酱油、鲜汤、糖略炒，盛出。

4. 螺丝面加盐炒片刻，放入韭菜段略炒，倒入冬笋片、肉丝拌匀即可。

【营养功效】 韭菜健胃暖中；冬笋防止便秘。

小贴士

笋性寒，年老体弱者慎食。

主料： 面粉 250 克，肉丝 100 克，冬笋片、韭菜段各 50 克，食用油 75 毫升。

辅料： 鲜汤，盐、酱油、糖、料酒各适量。

炒莜面窝窝

制作方法

1. 莜面粉加沸水和成烫面团，摘成剂子，拍成扁平形窝头，大火蒸 25 分钟，晾凉。

2. 莜面窝头切小薄片。

3. 食用油热锅，炸香花椒，捞去花椒；然后放入葱、姜、蒜、肉丝煸炒至肉变色。

4. 放入绿豆芽略炒几下；加盐、酱油、莜面窝头片炒片刻，盖盖略焖；加醋炒匀即可。

【营养功效】 莜面粉可辅助治疗和预防糖尿病、高血压等多种疾病。

小贴士

绿豆芽纤维较粗，不易消化。

主料： 精莜面粉 1000 克，猪肉丝、绿豆芽各 100 克。

辅料： 食用油、盐、酱油、醋、葱、姜、蒜、花椒各适量。

醋溜牛肉羹面

主料： 面条 250 克，牛后腿肉 225 克，番茄 80 克，洋葱、青椒各适量，香菜 15 克。

辅料： 葱、姜、番茄酱、盐、糖、淀粉、醋、鸡蛋清、酱油、食用油各适量。

制作方法

1. 牛肉洗净切片，用淀粉、水、鸡蛋清、食用油、酱油腌入味，过油。

2. 番茄酱用油炒香至亮红色，加入洋葱、番茄、青椒、葱、姜、盐、糖拌炒，再加牛肉煮匀。

3. 加入水淀粉勾芡，起锅加醋调成牛肉羹。

4. 面条煮熟捞碗中，倒入牛肉羹，撒香菜即可。

【营养功效】 番茄可增进食欲；牛肉可益气强筋。

小贴士

番茄与黄瓜同食会达不到补充营养的效果。

脆炒面

主料： 面粉 1000 克，猪瘦肉 300 克，小青菜 500 克，熟火腿、熟鸡肉各 30 克，洋葱 200 克。

辅料： 熟猪油、盐、红辣椒各适量。

制作方法

1. 用大竹杠将和好的面压成很薄的面皮，再用长刀切成面条。

2. 青菜洗净切段；洋葱去根、皮，洗净切丝；瘦肉、火腿、鸡肉、红辣椒切丝。

3. 烧热熟猪油，煸炒肉丝至变色，加青菜、火腿、鸡肉、洋葱、红辣椒、盐炒约30秒盛出。

4. 烧热熟猪油，炒面条至金黄，再倒入肉、菜略炒即可。

【营养功效】 小青菜润泽皮肤；洋葱理气和胃。

小贴士

大便溏薄者不宜多食小青菜。

蛋黄笔尖面

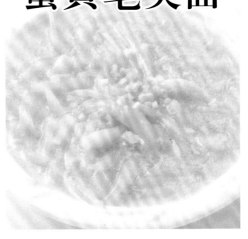

制作方法

1. 笔尖面在水滚沸时放入，煮约8~10分钟即可捞起，备用。

2. 在平底锅中放入煮熟笔尖面，加入所有辅料，混合拌匀后，以小火煮约2分钟后关火。

3. 倒入蛋黄快速拌匀，最后撒上适量新鲜的香芹末即可。

【营养功效】清热解毒，收敛生肌。

小贴士

高热患者不宜食。

主料： 笔尖面150克，鸡蛋2个，香芹适量。

辅料： 盐、奶油白酱、奶酪粉、高汤各适量。

回手面

制作方法

1. 面粉加蛋液、水揉成面团，静饧，擀成薄面皮，切条待用。

2. 粉丝泡好切段；蔬菜、羊肉洗净切丁。

3. 烧沸羊肉汤，下面条稍煮，下羊肉、粉丝、番茄、红椒、洋葱，加盐、胡椒粉、醋拌匀即可。

【营养功效】羊肉滋养强壮；番茄健胃消食。

小贴士

表虚多汗者忌食洋葱。

主料： 精面粉250克，羊肉150克，鸡蛋2个，粉丝25克，番茄、洋葱、红椒各100克。

辅料： 胡椒粉、醋、羊肉汤、盐各适量。

墨西哥凉面

主料: 面条 200 克, 鸡蛋 1 个。

辅料: 墨西哥酱、葱各适量。

制作方法

1. 面条煮熟, 放冰箱冷藏 2 小时; 鸡蛋煎熟。

2. 加适量冰水入面条; 再拌入墨西哥酱, 放上鸡蛋, 撒上葱丝即可。

【营养功效】 鸡蛋可增强肌体的代谢功能和免疫功能。

小贴士
高血压、高血脂者不可大量食鸡蛋。

麻香三丝冷面

主料: 细冷面 400 克, 叉烧 200 克, 香菜、黄瓜丝、甘笋丝、炒香白芝麻各适量。

辅料: 花生酱、香油、番茄汁、盐、生抽、红糖、蒜各适量。

制作方法

1. 将辅料入油锅拌匀, 煮成调味汁; 香菜洗净切碎。

2. 冷面用凉开水略为冲洗, 沥干, 加入凉熟油、盐拌匀, 上碟。

3. 黄瓜丝、甘笋丝用盐拌匀, 伴于碟旁; 叉烧切丝, 放于面上; 浇调味汁, 撒白芝麻、香菜即可。

【营养功效】香菜具消食下气、醒脾和中等功效。

小贴士
香菜有损人精神, 不可多食、久食。

酥鸭面

制作方法

1. 鸭去内脏，爪、头、翅留用，洗净，加水烧开，切薄片，用酱油、葱、姜、大料、桂皮、猪骨汤隔水蒸约 2 小时至鸭肉酥烂。

2. 将面条放入沸水锅煮熟，加酱油、葱末、熟猪油、猪骨汤、鸭肉即可。

【营养功效】鸭肉滋阴补虚、养胃利水。

小贴士

鸭肉与鸡蛋同食会大伤元气。

主料： 净鸭 1750 克，刀切面条 2000 克，酱油 350 克，猪骨汤 2500 克，熟猪油 150 克。

辅料： 大料、桂皮、葱、姜各适量。

苏式焖肉面

制作方法

1. 五花肉洗净，入沸水氽 2~3 分钟，用热水冲洗后切片；蛋黄面过热水。

2. 爆香姜，放入肉，翻炒，加糖，中小火烧干水分至糖焦化。

3. 放姜入沙锅，加炒好的肉、香料包、料酒、老抽、水，大火烧开，小火焖 2~3 小时，加鸡精，倒入蛋黄面中，蒸片刻，加盐调味，，撒葱末即可。

【营养功效】改善缺铁性贫血。

小贴士

肥胖、血脂较高者不宜多食。

主料： 五花肉 150 克，蛋黄面适量。

辅料： 糖、老抽、鸡精、盐、料酒、葱、姜、香料包（花椒、桂皮、小茴香、香叶、草果）各适量。

滋养牛心面

主料： 牛心250克，面条100克。

辅料： 姜、葱、猪油、料酒、盐、香油各适量。

制作方法

1. 葱切段；面条滚烫至熟，置碗中。

2. 热锅，用猪油爆香葱段、姜丝；加清水煮至滚沸，加料酒拌匀成汤头。

3. 牛心洗净切薄片，用滚水快速汆烫一下，放入面中；倒入汤头；食时加盐，淋香油即可。

【营养功效】 牛心可养血补心，治健忘、惊悸之症。

小贴士

一般人皆适宜食用。

滋补牛尾面

主料： 牛尾200克，面条200克，鸡蛋2个，菜心1颗。

辅料： 牛骨老汤适量。

制作方法

1. 小火煨炖牛尾；卤制鸡蛋。

2. 煮沸牛骨老汤；下面条煮熟；下菜心，煮熟，放入牛尾、卤蛋即可。

【营养功效】 牛尾既有牛肉补中益气之功，又有牛髓填精补髓之效。

小贴士

凡体弱之人均宜食用。

糕点类

水晶萝卜饺

主料：猪肉碎、萝卜丝各500克，虾米50克，圆面皮适量。

辅料：盐、味精、糖、淀粉、香油、姜汁各适量。

制作方法

1. 取碗，放猪肉碎、盐打起胶，加萝卜丝、虾米、味精、糖、淀粉、香油、姜汁，拌匀做馅。

2. 放入冰箱冷藏半小时。

3. 用圆面皮，包馅，包成包子形，大火蒸10分钟即可。

【营养功效】虾米味甘、咸，性温，具有补肾壮阳、理气开胃之功效。

小贴士

萝卜治胃气。

水晶雪菜饺

主料：猪肉碎、雪菜各500克，豆薯150克，圆面皮适量。

辅料：辣椒油、盐、味精、糖、淀粉、香油、姜汁各适量。

制作方法

1. 取碗，放猪肉碎、盐打起胶，加豆薯、雪菜粒、辣椒油、盐、味精、糖、香油、姜汁、淀粉拌匀。

2. 放入冰箱冷藏半小时。

3. 圆面皮，包入馅，包三角形，大火蒸10分钟即可。

【营养功效】此饺含蛋白质、脂肪、钙、磷、铁、胡萝卜素、维生素C等。

小贴士

成品蒸出有一种透明的感觉，故叫"水晶"。

均安鱼蓉糕

制作方法

1. 鱼蓉煎香。

2. 取碗，放鱼蓉、玉米粉、淀粉、马蹄粉、澄面，加适量清水上浆，放入虾米，调入盐、味精、糖、胡椒水拌匀。

3. 上蒸炉蒸 30 分钟，取出加葱末即可。

【营养功效】 鱼肉的蛋白质非常丰富，益智健脑。

小贴士

鱼肉香味浓郁，是相当健康的食品。

主料: 鱼蓉 500 克，玉米粉、澄面、淀粉、马蹄粉、水、葱、虾米各适量。

辅料: 盐、味精、糖、胡椒水各适量。

椰丝馃

制作方法

1. 糯米皮放入胡萝卜汁，每 15 克皮包上莲蓉、糖冬瓜馅。

2. 搓成长条蛋形，再热水煮熟。

3. 取出粘上椰丝即可。

【营养功效】 莲子是常见的滋补之品，有很好的滋补作用。

小贴士

此款糕点甜香可口，色泽诱人，是爱吃甜品人士的宠爱之物。

主料: 糯米皮 180 克，莲蓉 100 克，糖冬瓜 50 克。

辅料: 胡萝卜汁、椰丝各适量。

网皮香煎包

1. 大白菜切细，水煮半熟，挤干水；猪肉剁碎，加入调味料、香菇粒、大白菜，拌匀成馅。

2. 用擀杖将每份20克的面团擀成圆形，包上馅料，捏成雀笼形。

3. 静放约1小时，用不粘锅加油，放入适量水，生煎熟透即可。

【营养功效】香菇有补气益胃、托疮排毒功效。

主料： 大白菜500克，猪肉250克，香菇50克、面团适量。

辅料： 糖、味精、淀粉、盐、姜、香油各适量。

小贴士

要注意煎包时的火候，须恰到好处，不要太焦，才能保证口感。

麦香粗粮饼

1. 麦子煮熟，放糯米粉、澄面、糖、鲜奶、水搅拌成浆。

2. 烧热不粘锅，淋入香油，倒入粉浆两面煎熟。再用刀切开装盘，放上香菜即可。

【营养功效】有很好的嫩肤、除皱、祛斑功效。

主料： 麦子200克，糯米粉、糖、澄面、鲜奶各适量。

辅料： 香油、香菜各适量。

小贴士

粗粮的用料，符合当下的绿色健康生活理念，口感拙朴醇香。

制作方法

1. 赤豆清水浸泡，入锅添水煮熟，取出冷却，碾成赤豆蓉。

2. 锅置火上，放赤豆蓉、糖、澄面炒透，调入酱油搅拌做成圆饼状。

3. 放入不粘锅煎熟即可。

【营养功效】赤豆有良好的利尿作用，能解酒、解毒，对心脏病和肾病、水肿有益。

小贴士

　　赤豆补气血，润肌肤，是一道适合女性食用的糕品，鲜嫩清香。

赤豆蓉煎饼

主料： 赤豆 500 克，糖 150 克，澄面 50 克。

辅料： 酱油、陈皮各适量。

制作方法

1. 锅放食用油烧热，放入冬瓜片、麦芽糖，小火煎熟，加入潮州粉炒硬。

2. 入炸榄仁同拌，做成条形。

3. 用不粘锅煎熟即可。

【营养功效】榄仁含有 β - 谷甾醇、甘露醇、葫芦素 β 等多种功能性成分。

小贴士

　　冬瓜治小儿惊风，润肺消热痰，止咳嗽，利小便。

冬瓜蓉榄仁饼

主料： 冬瓜片 1000 克，炸榄仁 50 克。

辅料： 食用油、麦芽糖、潮州粉各适量。

咖喱鸡柳饼

制作方法

1. 鸡肉、马蹄、洋葱切粒；锅置火上，添油烧热，放鸡肉粒、马蹄粒、洋葱粒爆炒，加入少量水煮3分钟，加入咖喱粉拌匀，用水淀粉勾芡装碟，待凉后作馅用。

2. 面团擀皮，包上馅，表面印上花纹，用不粘锅煎熟即可。

【营养功效】 鸡肉有益五脏、补虚亏、健脾胃、强筋骨、活血脉等功效。

主料： 鸡肉250克，马蹄、洋葱各50克，面团适量。

辅料： 咖喱粉，淀粉各适量。

小贴士

使用咖喱粉做糕点，更别具一番风味。

烤鸭丝雪菜饼

制作方法

1. 烤鸭肉切丝，雪菜切粒，烧锅，倒适量油，放入烤鸭丝、雪菜粒爆炒，加入适量水煮3分钟，加入盐、味精、糖、蚝油、胡椒粉炒匀，用水淀粉勾芡装碟，待凉，成馅料。

2. 春卷皮平铺，放入馅料，包成筒状。

3. 下锅用食用油炸至金黄色即可。

【营养功效】 雪菜具有利尿止泻、祛风散血、消肿止痛的作用。

主料： 烤鸭肉250克，雪菜150克，春卷皮适量。

辅料： 盐、味精、糖、蚝油、胡椒粉、淀粉各适量。

小贴士

这款糕点具有浓烈的油炸香味。

香滑椰汁煎饼

制作方法

1. 取锅，放水、糖煮溶，小火加入椰汁、鲜奶，直到小沸，慢慢冲入玉米粉、淀粉，边冲边搅拌，至熟，加入牛油拌匀。

2. 待凉却，凝结，作馅用。

3. 面皮包入馅料，压扁成圆形，烧热不粘锅，淋入食用油，煎至金黄即可。

【营养功效】 椰汁成分与细胞内液相似，可达到利尿消肿之效。

小贴士

　　煎饼香滑诱人，食用前表面可以再撒上一些糖。

主料：面皮适量，椰汁、糖各250克，鲜奶、玉米粉、食用油、椰蓉各适量。

辅料：牛油、淀粉各适量。

洋葱牛肉煎饼

制作方法

1. 牛肉、马蹄肉、洋葱切粒；锅置火上，添油烧热，放牛肉粒、马蹄肉粒、洋葱粒爆炒，加入少量水煮3分钟，加入咖喱粉、调味料，拌匀，用水淀粉勾芡装碟，待凉后作馅用。

2. 用掺入菠菜汁的面皮，包上馅料，对捏半月形，烧热不粘锅，淋入香油，将饼煎至金黄即可。

【营养功效】 牛肉含有丰富的蛋白质和氨基酸，能提高机体抗病能力。

小贴士

　　煎饼面团也可加入其他颜色的汁，比如胡萝卜汁、黄瓜汁等。

主料：面团适量，牛肉250克，马蹄、洋葱、淀粉、菠菜汁各适量。

辅料：咖喱粉、盐、味精、糖、香油、蚝油、生抽各适量。

香菇滑鸡煎饼

主料： 面团适量，鸡肉250克，香菇、甘笋各50克。

辅料： 盐、味精、糖、淀粉、香油、姜汁、料酒各适量。

制作方法

1. 鸡肉、香菇、甘笋切粒，置碗内，放盐、味精、糖、淀粉、姜汁、料酒调味，作馅待用。

2. 面团擀成圆薄片，包上馅料，捏成三角形。

3. 烧热不粘锅，淋入香油，煎至金黄即可。

【营养功效】香菇主治食欲减退，少气乏力。

小贴士

香菇、鸡肉的搭配营养合理，能补充人体所需的蛋白质、氨基酸等营养元素。

雪菜烧鸭煎饼

主料： 面粉、糖、猪油、鸡蛋、雪菜、烧鸭肉、玉米各适量。

辅料： 香油、淀粉、盐、蚝油、胡椒粉、味精、糖、食用油各适量。

制作方法

1. 面粉500克，放入糖、鸡蛋、猪油50克，搓成水皮；再放猪油350克，加入500克面粉，搓成油心，水皮包油心，擀成薄圆面皮。

2. 烧鸭肉切丝，雪菜切粒，倒适量食用油，放烧鸭丝、雪菜粒、玉米爆炒，加入适量水煮3分钟，加入盐、蚝油、胡椒粉、味精、糖、拌匀，水淀粉勾芡，待凉后作馅用。

3. 圆面皮包入馅料，捏长形，烧热不粘锅，淋入香油，煎至金黄即可。

【营养功效】玉米对心肌梗死等心脏疾病患者有保护作用。

小贴士

包好面皮，可用剪刀造型，煎好成形才会美观。

香煎玉米饼

制作方法

1. 猪肉剁碎，与盐打起胶，加豆薯粒、玉米粒、糖、味精、姜汁、料酒、淀粉搅拌均匀。

2. 放入冰箱冷藏半小时作馅用。

3. 用面皮包馅，压扁，烧热不粘锅，淋入香油，两面煎至金黄即可。

【营养功效】能益脾胃，养肾气，除烦热，利小便。

小贴士

玉米香气诱人，口感层次分明。

主料： 猪肉500克，玉米粒250克。

辅料： 豆薯粒、盐、味精、糖、淀粉、香油、姜汁、料酒、面皮各适量。

香酥炸虾饺

制作方法

1. 马蹄肉、胡萝卜分别切粒，虾肉放盐，搓起胶，加入马蹄粒、胡萝卜粒拌匀，加入色拉酱、盐、味精、糖、淀粉、香油拌匀，放入冰箱内冷藏半个小时作馅用。

2. 澄面团搓成圆形，包上馅料，弯成梳形。

3. 取不粘锅，将饺子炸至金黄色即可。

【营养功效】虾能增强人体的免疫力和性功能，补肾壮阳，抗早衰。

小贴士

鲜虾作馅料，口感清香爽脆，倍受糕点爱好者的推崇。

主料： 虾肉500克，马蹄、胡萝卜、澄面团各适量。

辅料： 色拉酱、盐、味精、糖、淀粉、香油各适量。

日式紫菜饺

主料: 猪肉碎 500 克, 白菜、紫菜、日本味增酱、面团各适量。

辅料: 盐、味精、糖、淀粉、香油、姜汁各适量。

1. 紫菜温水泡发, 切碎; 白菜入沸水稍烫, 捞出, 切碎; 猪肉碎、盐打起胶, 加入紫菜碎、白菜碎、味精、糖、香油、姜汁、淀粉拌匀, 放入冰箱冷藏半小时, 作馅。

2. 面团擀成圆薄片, 包入馅成饺子形。

3. 味增酱调味上汤, 放饺子煮熟即可。

【营养功效】 化痰软坚、清热利水、补肾养心。

小贴士

紫菜营养丰富, 含碘量高, 尤其适合甲状腺肿大者食用。

手工肉菜水饺

主料: 猪肉碎、大白菜、豆薯、面团各适量。

辅料: 盐、味精、糖、淀粉、香油、姜汁适量。

1. 豆薯切粒, 大白菜洗净, 入沸水稍烫, 取出, 切粒, 猪肉碎、盐打起胶, 加入豆薯粒、大白菜粒、味精、糖、淀粉、香油、姜汁拌匀, 入冰箱冷藏半小时, 作馅。

2. 用面团擀数张小圆薄片, 包入馅, 成元宝形。

3. 上汤煮熟即可。

【营养功效】 促进血液循环, 有助于消除身体疲劳, 增强体质。

小贴士

这款水饺家常味十足, 鲜美可口。

顺德鱼包饺

制作方法 ○ .

1. 鱼肉剁蓉,加盐打起胶,加腊肉碎、花生、虾米、香菜、味精、糖、淀粉、香油、胡椒粉拌匀,入冰箱冷藏半小时,作馅。

2. 面团擀数张小圆薄皮,包馅造形。

3. 入沸水煮熟即可。

【营养功效】 花生富含维生素 B$_1$、维生素 D 和钙、磷、铁等矿物质。

小贴士

　　包成,用剪刀剪出鱼尾,俏皮生动,增加食欲。

主料: 鱼肉 500 克,腊肉碎 50 克,花生 50 克,面团适量。

辅料: 虾米、香菜、盐、味精、糖、淀粉、香油、胡椒粉各适量。

菠菜蒸饺

制作方法 ○ .

1. 香菇温水泡发,切粒,菠菜洗净,沥干,切粒,猪肉碎加盐打起胶,加入香菇粒、菠菜粒、盐、味精、糖、淀粉、香油、姜汁拌匀,入冰箱冷藏半小时,作馅用。

2. 面团擀数张小圆薄皮,包馅。

3. 入沸水蒸 10 分钟,即成。

【营养功效】 菠菜所含大量的酶对胃和胰腺的分泌功能起良好的作用,适宜于高血压、糖尿病患者。

小贴士

　　蒸饺因没有炸饺的过程,所以营养成分不会流失。

主料: 猪肉碎、菠菜各 500 克,香菇 50 克,面团适量。

辅料: 盐、味精、糖、淀粉、香油、姜汁各适量。

黄金小米糕

主料: 糖 250 克, 小米、粟米、马蹄粉、茨粉各 100 克。

辅料: 椰汁适量。

制作方法 ○·

1. 粟米蒸熟, 入搅拌机, 加凉开水适量, 打成浆, 小米煮熟。

2. 马蹄粉、茨粉、粟米浆混入水, 搅成粉浆, 另取水, 加糖煮溶, 加入椰汁煮沸, 冲入粉浆拌匀, 加入适量的熟小米拌匀。

3. 倒浆液入扫油模具, 放入蒸炉, 大火蒸 20 分钟即成。

【营养功效】 润肺生津, 止咳, 和中益肺, 舒缓肝气, 滋阴。

小贴士

小米蛋白质营养价值比大米差, 因为小米蛋白质的氨基酸组成并不理想, 赖氨酸过低而亮氨酸又过高, 所以孕妇产后不能完全以小米为主食, 应注意搭配, 以免缺乏其他营养。

枸杞子红枣糕

主料: 马蹄粉、茨粉、红枣各 100 克, 枸杞子 5 克, 糖适量。

辅料: 椰汁适量。

制作方法 ○·

1. 红枣去核, 入搅拌机, 加水适量, 搅拌成浆。

2. 取水, 放马蹄粉、茨粉、红枣浆一起搅成粉浆, 另取水, 加糖煮溶, 再加椰汁煮沸, 冲入粉浆搅匀, 加入适量红枣片、枸杞子拌匀。

3. 倒浆液入扫油模具中, 放入蒸炉, 大火蒸 20 分钟即成。

【营养功效】此糕有轻微降压作用。

小贴士

红枣、枸杞子搭配是补气食品。

制作方法

1. 韭菜洗净切粒，猪肉碎加盐打起胶，加入韭菜粒，部分鸡蛋液、味精、糖、淀粉、香油、姜汁搅拌成馅。

2. 面团擀成皮，包馅，包成长条形，并列下入不粘锅，倒油煎至两面金黄。

3. 倒入剩余蛋液煎香即可。

【营养功效】 健胃，提神，止汗固涩，补肾助阳，固精。

小贴士

不粘锅煎至过程中，加入蛋液，令这款饺子更加美味。

凤凰排馃

主料：猪肉碎、韭菜各 500 克。

辅料：面团、鸡蛋液、盐、味精、糖、淀粉、香油、姜汁各适量。

制作方法

1. 取适量凉开水，分别放马蹄粉、茨粉调成浆，水烧沸，加糖煮溶，加入椰汁、陈皮，煮沸，冲入粉浆搅匀。

2. 赤豆煮熟，入浆液拌匀，倒入扫油模具中。

3. 放入蒸炉，大火蒸 20 分钟即成。

【营养功效】 理气降逆，调中开胃，燥湿化痰。

小贴士

加入全粒赤豆，造型会更美观。

陈皮赤豆糕

主料：马蹄粉、茨粉各 100 克，糖适量。

辅料：椰汁、赤豆、陈皮各适量。

芹菜锅贴

主料：猪肉碎、芹菜各 500 克，豆薯 150 克。

辅料：面团、盐、味精、糖、淀粉、香油、姜汁各适量。

制作方法

1. 豆薯切粒，芹菜切碎，猪肉碎、盐打起胶，加入豆薯粒、芹菜粒、味精、糖、香油、姜汁、淀粉拌匀，入冰箱冷藏半小时，作馅用。

2. 用面团擀成圆薄片，包成饺子形。

3. 烧热不粘锅，淋入香油，将饺子煎至金黄色即可。

【营养功效】 此锅贴对预防高血压、动脉硬化等都十分有益，并有辅助治疗作用。

小贴士

芹菜有防治高血压、血管硬化等功效。

韭菜煎饺

主料：面粉 500 克，澄面、盐、猪肉碎、韭菜、豆薯各适量。

辅料：味精、糖、淀粉、香油、姜汁各适量。

制作方法

1. 豆薯切粒、韭菜洗净，切粒，猪肉碎加盐打起胶，加入豆薯粒、韭菜粒、味精、糖、香油、姜汁、淀粉拌匀，入冰箱冷藏半小时作馅用。

2. 取大碗，放面粉、澄面、盐，温水和匀，面团擀成圆薄片，取馅料，放入圆面片，包成弯梳形。

3. 烧热不粘锅，淋香油，将饺子煎至金黄色即可。

【营养功效】韭菜汁对痢疾杆菌、伤寒杆菌、大肠杆菌、葡萄球菌均有抑制作用。

小贴士

韭菜煎饺是非常传统的家庭式饺子。

制作方法

1. 玉米粉、淀粉、马蹄粉、澄面一起加600毫升水调成粉浆。

2. 锅内加水放入腊味粒、虾米、萝卜丝、糖、盐、味精煮沸，冲入粉浆内拌均。

3. 粉浆放入器皿，上蒸炉，蒸30分钟即可。

【营养功效】此糕可增强机体免疫力。

小贴士

　　萝卜糕是最具岭南特色的糕类，要把萝卜刨烂才能更精致。

腊味萝卜糕

主料： 萝卜丝1000克，玉米粉、淀粉、马蹄粉、澄面各适量。

辅料： 盐、味精、糖、腊味粒、虾米各适量。

制作方法

1. 薏米泡软，煮熟，马蹄肉切片。

2. 清水加马蹄粉、淀粉搅成粉浆，加上煮好的薏米，再加煮好的马蹄肉拌匀。

3. 放入扫油平盘，入蒸炉，大火蒸20分钟即可。

【营养功效】马蹄有清热去湿解毒的功效。

小贴士

　　马蹄糕清香怡人，使人情绪舒缓。

马蹄清心糕

主料： 马蹄粉200克，马蹄肉150克。

辅料： 糖、淀粉、薏米各适量。

椰香糕

主料：马蹄粉、茨粉各 100 克，糖 250 克。

辅料：椰汁、食用香精、食用色素各适量。

制作方法

1. 凉开水加马蹄粉、茨粉搅成粉浆。

2. 锅内放水加入糖煮溶，加入椰汁煮沸，后冲入粉浆拌匀，放入适量的食用香精和食用色素。

3. 浆液倒入扫油模具中，入蒸炉，大火蒸 20 分钟即可。

【营养功效】 补虚强壮，益气祛风，消疳杀虫。

小贴士

绿色的糕体，非常新奇独特，突出的色泽，可爱诱人。

千层咖啡糕

主料：即冲咖啡 50 克，鲜奶 100 毫升。

辅料：糖、吉利丁粉各适量。

制作方法

1. 即冲咖啡、一半吉利丁粉混和，冲入适量热水，拌至溶，咖啡液体 1/4 倒入平盘，放入冰箱内冷凝。

2. 糖与另一半的吉利丁粉混和，冲入热水，搅拌至溶，注入鲜奶，拌匀。

3. 鲜奶 1/4 注入放在冰箱内的咖啡层上，冷凝,如此交叉进行到全部分层均匀,冷凝即可

【营养功效】咖啡因可减轻肌肉疲劳，促进消化液分泌。

小贴士

注意要等前面倒入的冷凝后，才可倒上新的一层。

西米椰汁糕

制作方法

1. 西米泡发，煮熟，取出冷却待用，放适量清水加马蹄粉、淀粉搅成粉浆。

2. 锅内放水加入糖煮溶，加入椰汁、鲜奶，煮沸后冲入粉浆拌匀，加入熟西米成形。

3. 入蒸炉，大火蒸20分钟即可。

【营养功效】具有滋补、清暑解渴的功效。

小贴士

　　西米的口感配上椰汁的香气，实属一款怡神糕品。

主料： 西米25克，椰汁250毫升，鲜奶100毫升，马蹄粉150克。

辅料： 淀粉、糖各适量。

清香花生卷

制作方法

1. 马蹄粉、澄面、淀粉、班兰汁混合，用水搅成浆。

2. 煮沸水，再冲入粉浆中。

3. 平盘刷香油，加入粉浆，大火蒸熟，洒上花生碎，卷上即可。

【营养功效】马蹄粉含有的马蹄英有抑菌作用，并能抑制流感病毒。

小贴士

　　花生极易受潮，应贮存在干燥阴凉处。

主料： 马蹄粉100克，淀粉25克，澄面25克。

辅料： 花生碎、班兰汁、香油各适量。

孜然牛肉卖

主料： 牛肉 400 克，肥肉 100 克，孜然粉 5 克。

辅料： 盐、味精、糖、淀粉、香油、胡椒粉、面团各适量。

制作方法

1. 肥肉切粒，牛肉切碎，加盐搓起胶，加入味精、糖、淀粉、香油、孜然粉、胡椒粉拌匀，入冰箱冷藏半小时后成馅。

2. 面团擀成圆薄片，入馅包成圆柱形。

3. 上笼大火蒸 15 分钟即可。

【营养功效】补脾胃，益气盘，强筋骨。

小贴士

孜然粉掺入牛肉，平添几分塞外风情，滋味美妙香浓。

番禺烧卖

主料： 鱼肉 500 克，腊肉粒、花生碎各 50 克。

辅料： 虾米、香菜、淀粉、盐、味精、糖、香油、胡椒粉各适量。

制作方法

1. 鱼肉捣成糜，加盐打起胶，加入腊肉粒、花生碎、虾米、香菜、淀粉、味精、糖、香油、胡椒粉拌匀，入冰箱冷藏半小时后成馅。

2. 面团擀成圆薄片，包成圆柱形。

3. 上笼蒸 8 分钟即可。

【营养功效】鱼肉有滋补健胃、利水消肿、通乳、清热解毒、止嗽下气的功效。

小贴士

口感幼滑的鱼肉，酿成烧麦，是珠三角经典的田园风味。

制作方法 ○ ·

1. 猪肉切粒，加盐、味精、糖、淀粉搅拌，加香油、胡椒粉拌匀，肥肉切粒，加盐打起胶混合搅匀，入冰箱冷藏半小时，成馅。

2. 面团擀成圆薄片，入馅包成圆柱形。

3. 上笼大火蒸 15 分钟即可。

【营养功效】凡病后体弱、产后血虚、面黄赢瘦者，皆可用之作营养滋补之品。

小贴士

　　这款糕点属典型广东点心，可在表面再放上几粒蟹籽。

小笼干蒸

主料：猪肉 400 克，肥肉 100 克。

辅料：盐、味精、糖、淀粉、香油、胡椒粉、面团各适量。

制作方法 ○ ·

1. 鸡肉、马蹄肉、洋葱分别切粒，入锅，大火爆炒，加入适量水煮 3 分钟，加入盐、味精、糖、香油、胡椒粉炒匀，水淀粉勾芡装盘，待凉后作馅用。

2. 春卷皮切开，包入馅料成三角形。

3. 下锅用食用油炸到金黄色即可。

【营养功效】鸡肉含有促进人体生长发育的磷脂类。

小贴士

　　鸡肉富含钾、磷、钙，作馅营养美味；春卷油炸，香酥可口。

洋葱鸡肉角

主料：春卷皮适量，鸡肉 300 克，马蹄肉 200 克，洋葱半个。

辅料：盐、味精、糖、淀粉、香油、胡椒粉各适量。

泰式鸡酱卖

主料： 猪肉 400 克，肥肉、笋尖、泰国鸡酱各适量。

辅料： 泰椒、盐、味精、糖、淀粉、香油、胡椒粉、面团各适量。

制作方法

1. 猪肉、肥肉剁成泥，笋尖切粒，加入泰国鸡酱、泰椒、盐、味精、糖、淀粉、香油、胡椒粉拌匀，放入冰箱冷藏半小时后成馅。

2. 面团擀成圆薄片，入馅包成圆柱形。

3. 上笼大火蒸 15 分钟即可。

【营养功效】开通疏利，消积下气。

小贴士

　　泰椒甜而不辣，适合做馅，此款点心充满泰国特色风味。

德国香肠饼

主料： 德国香肠 6 条，面团适量。

辅料： 黑椒粉、香油各适量。

制作方法

1. 面团搓成长条形。

2. 德国香肠置中，卷成螺旋形。

3. 撒上黑椒粉，烧热不粘锅，淋入香油，煎至金黄即可。

【营养功效】香肠可开胃助食，增进食欲。

小贴士

　　虽然主料简单但味道不错，适宜当小点心。

制作方法 ○ •

1. 鸡丝用鱼露略拌，银芽、香芋丝加入味精拌上鸡丝。

2. 平铺春卷皮，包上馅，加入适量薄荷叶，卷成筒状。

3. 下锅，用食用油炸至金黄色即可。

【营养功效】 此款春卷蛋白质的含量比其他高蛋白植物如大豆之类都要高。

 小贴士

广式的春卷，香脆可口。

香芋丝春卷

主料：鸡丝、银芽各 150 克，香芋丝 100 克，春卷皮适量。

辅料：薄荷叶、鱼露、味精、食用油各适量。

制作方法 ○ •

1. 香芋馅放在网皮上，向前卷起。

2. 取沙拉酱封口。

3. 用食用油炸至网皮成形，捞起即可。

【营养功效】香芋有散积理气、解毒补脾、清热镇咳之药效。

小贴士

透出深蓝色的香芋，相当勾人的食欲。

香芋米网

主料：香芋馅、色拉酱各 200 克。

辅料：网皮、食用油各适量。

珍珠糯米卖

主料： 黄白皮、珍珠糯米 500 克，香菇、腊肉、花生各 50 克。

辅料： 虾米、香菜、盐、味精、糖、香油各适量。

制作方法

1. 糯米浸水 1 夜，滤水，用竹网隔水蒸熟，香菇、腊肉切粒，锅置火上，放油烧热，下虾米、花生爆炒，调盐、味精、糖、香油，拌入蒸熟糯米、香菜，入冰箱冷藏成馅。

2. 黄白皮放馅，包成圆柱形。

3. 放入蒸笼蒸 10 分钟即可。

【营养功效】 具有补中益气、健脾养胃、止虚汗之功效。

小贴士

黄白皮可在食品批发市场买到，此款有糯米黏黏的口感。

紫米烧卖

主料： 紫糯米 500 克，椰汁 100 毫升。

辅料： 奶油、糖、白皮各适量。

制作方法

1. 紫糯米浸水 1 夜，滤水，用竹网隔水蒸熟拌入奶油、椰汁、糖，入冰箱冷藏成馅。

2. 白皮放馅，包成圆柱形。

3. 入蒸笼蒸 10 分钟即可。

【营养功效】 紫糯米有补血养气之功效，常吃可健身。

小贴士

紫糯米是美容保健品，有美容消肿的作用。

制作方法

1. 虾肉、盐搓起胶，加入马蹄、甘笋粒、色拉酱、盐、味精、糖、淀粉，香油拌匀，入冰箱，冷藏半个小时作馅。

2. 馅料用网皮包好，烧锅烧热，淋香油，入锅炸熟，捞出，沥油。

3. 猪肠粉皮包炸好的网皮虾卷，放在碟上即可。

【营养功效】 补肾壮阳，通乳抗毒，养血固精。

小贴士

普通的猪肠粉外再加上网皮，香脆幼滑。

脆皮猪肠粉

主料: 虾肉500克，马蹄肉、甘笋各50克。

辅料: 猪肠粉皮、网皮、盐、味精、糖、色拉酱、淀粉、香油各适量。

制作方法

1. 取锅烧水，放糖煮溶，转小火，加入椰汁、鲜奶微沸，再慢慢冲入玉米粉、淀粉水，边冲边搅拌至熟，加入牛油拌匀，待凉后作馅。

2. 铺网皮，放馅料入内包成三角形。

3. 用食用油炸至金黄色，捞出滚上椰蓉即可。

【营养功效】椰汁含大量蛋白质、葡萄糖、脂肪、维生素 B_1、钙、镁等。

小贴士

椰香甜浓，是一道美味甜品。

椰香金三角

主料: 椰汁、糖各250克，玉米粉、鲜奶、椰蓉各适量。

辅料: 网皮、牛油、食用油、淀粉各适量。

富贵石榴球

主料: 春卷皮、虾肉各 500 克,马蹄肉、甘笋各 50 克。

辅料: 网皮、韭菜、色拉酱、盐、味精、糖、香油、淀粉、食用油各适量。

制作方法 ○•

1. 韭菜烫熟,虾肉、盐搓起胶,加马蹄、甘笋粒、色拉酱、味精、糖、香油、淀粉拌匀,放入冰箱,冷藏半个小时作馅,取网皮包馅,成形。

2. 取春卷皮包入网皮馅,用熟韭扎好口,成为球形。

3. 用食用油炸至金黄色即可。

【营养功效】 益气滋阳,通络止痛,开胃化痰。

小贴士

一个个饱满的石榴,象征着辛苦得来的财富,也是一道宴客佳品。

越南春卷

主料: 鸡丝、银芽各 150 克,豆薯丝 50 克,春卷皮适量。

辅料: 薄荷叶、鱼露、味精、食用油各适量。

制作方法 ○•

1. 鸡肉切丝,用鱼露略拌一下,再放银芽、豆薯丝、薄荷叶、味精拌入鸡丝,做馅。

2. 春卷皮平铺,包上馅,卷成圆柱状。

3. 用食用油炸至金黄色即可。

【营养功效】 鸡肉有温中益气、补虚填精、健脾胃、活血脉、强筋骨的功效。

小贴士

薄荷有极强的杀菌作用,能预防病毒性感冒、口腔疾病,使口气清新。

金网翠肉盏

制作方法 ○ •

1. 西芹、胡萝卜、猪肉分别洗净切粒，起锅倒油烧热，放肉粒爆炒至熟，加入西芹、胡萝卜、花生粒炒匀，放入盐、味精，拌成馅。

2. 圆形网皮放上蛋塔盏，再盖另一个蛋塔盏，使其成型，用食用油炸熟定型。

3. 将炒好的馅料放入网盏内即可。

【营养功效】平肝清热，祛风利湿。

小贴士

西芹先放沸水中汆烫（汆水后要马上过凉），可以保持西芹颜色翠绿。

主料：西芹50克，胡萝卜50克，猪肉50克，花生50克。

辅料：盐、味精、圆形网皮各适量。

豆蓉菊花盏

制作方法 ○ •

1. 取春卷皮1块平铺，裁剪成半月形，弧形部分剪裁成放射性细条。

2. 直边部分头部包上适量豆蓉，再沿长边卷起。

3. 成为筒状，用食用油炸至金黄色即可。

【营养功效】春卷皮含有丰富的蛋白质及脂肪、碳水化合物等成分。

小贴士

用料简单，美味可口，春卷皮薄，勿入油锅炸时间过久，以免炸碎。

主料：春卷皮1块。

辅料：豆蓉适量。

鱼线紫菜抄手

主料： 鱼肉 500 克，腊肉、花生碎、紫菜、白皮各适量。

辅料： 虾米、香菜、淀粉、味精、糖、香油、胡椒粉各适量。

制作方法

1. 鱼肉去骨，剁成泥，加盐打起胶，放腊肉花生碎、香菜、淀粉、虾米、味精、糖、香油胡椒粉拌匀，入冰箱冷藏半小时成馅，鱼肉装入挤袋。

2. 取部分馅料，用白皮包成抄手，鱼肉挤成线状，放热水汆熟。

3. 鱼骨煮成汤，放紫菜，再放入抄手、鱼线煮熟即可。

【营养功效】 常吃鱼有养肝补血、泽肤养发的功效。

小贴士

质量好的腊肉，皮色金黄有光泽，瘦肉红润，肥肉淡黄，有腊制品的特殊香味

碧绿菊花羹

主料： 虾肉 500 克，菠菜 250 克，马蹄肉 50 克。

辅料： 橙色素食料、盐、味精、糖、淀粉、香油各适量。

制作方法

1. 马蹄肉切粒，菠菜洗净沥干，切粒，虾肉洗净、与盐搓起胶，加入马蹄粒、菠菜粒、盐味精、糖、香油、淀粉拌匀，入冰箱，冷藏半个小时，作馅用。

2. 澄面加橙色素食料、水搓匀，均匀分成数个小块，擀成圆皮，包上馅料，捏成菊花形。

3. 上蒸笼大火蒸5分钟,放入熟菠菜汤汁即可

【营养功效】 菠菜含有大量的植物粗纤维，具有促进肠道蠕动的作用。

小贴士

要注意蒸后的造型，散开的部分不能太乱。

制作方法 ○●

1. 澄面加入橙红食料粉，莲蓉、榄仁拌匀成馅料。

2. 面团擀成圆薄片，包上馅料，面团入南瓜形模具，捏成南瓜形状，顶端做一片绿色小叶。

3. 上蒸笼，大火蒸 5 分钟，即可。

【营养功效】清心醒脾，补脾止泻，养心安神明目。

南瓜像生粿

 小贴士

　　南瓜像生粿生动可爱，像一个个小灯笼，可作为宴客糕品。

主料：莲蓉 100 克，面团适量。

辅料：榄仁、澄面、橙红食料粉各适量。

制作方法 ○●

1. 花生切碎，与莲蓉馅拌匀。

2. 糯米粉分两份，一份加胡萝卜汁拌匀和匀，另一份加可可粉拌水和匀。

3. 捏出适量和匀的粉，包上莲蓉花生馅，搓成汤圆，放沸水锅中煮熟即可。

【营养功效】补中益气，健脾养胃，止虚汗。

彩云汤圆

小贴士

　　彩云汤圆色泽诱人，如同云彩一般，可根据个人喜好，加不同蔬菜汁。

主料：糯米粉 250 克，可可粉 25 克。

辅料：莲蓉馅、花生米、胡萝卜汁各适量。

黄金玉米饺

主料： 虾肉 500 克，马蹄肉、胡萝卜、玉米粒、糖各适量。

辅料： 盐、味精、淀粉、香油、澄面各适量。

制作方法

1. 马蹄肉切粒，胡萝卜切粒，虾肉放盐搓起胶，加入马蹄粒、胡萝卜粒、玉米粒拌匀，加入糖、盐、味精、淀粉、香油拌匀，入冰箱冷藏半个小时，作馅用。

2. 澄面和水，捏成团，擀成小圆薄片，包入馅料，捏成金元宝形。

3. 上蒸笼沸水蒸 5 分钟即可。

【营养功效】马蹄含有大量镁，可加强肠壁蠕动，对于减肥非常有利。

小贴士

透过透明的澄面，看到里边一粒粒金黄的玉米，非常美观。

可爱猪仔包

主料： 赤豆 500 克，澄面 50 克，面团适量。

辅料： 糖、食用油、陈皮各适量。

制作方法

1. 赤豆煮烂，碾成赤豆蓉，加糖、澄面炒透，再加入油，铲至纯滑，加切碎的陈皮，拌成馅料。

2. 面团擀成圆薄片，包入馅料做猪头形。

3. 捏适量面团，用水粘上两侧做猪耳，再点上猪鼻，最后是猪尾巴，静放 1 小时，上蒸笼大火蒸 15 分钟即可。

【营养功效】健脾止泻，利水消肿。

小贴士

可爱的造型，赤豆蓉的香浓，定能勾起小朋友无穷的兴趣。

咖啡吮吮球

制作方法 ○ •

1. 吉利丁粉加入咖啡粉，拌匀，冲入热水，搅匀，倒入半球形模具，冷却，入冰箱冷藏凝结，取出。

2. 糯米皮包凝结馅料，搓成圆形。

3. 放适量食用油入锅烧热，将糯米皮圆炸15钟，取出沥油，用吸管吮吃即可。

【营养功效】促进肾脏机能，有利尿作用，可将体内多余的钠离子排出体外。

 小贴士

　　用吸管来吸吮糕品，别具匠心的享受。

主料： 糯米皮适量，即冲咖啡1包，吉利丁粉5克。

辅料： 食用油、热水各适量。

制作方法 ○ •

1. 芋头去皮，蒸熟，制成蓉，加入糖，牛油拌均匀，入冰箱冻藏，作馅之用。

2. 澄面加香芋色素，搓匀，捏出馅皮，包入芋头馅，做成茄子形状。

3. 上蒸笼，大火蒸5分钟即可。

【营养功效】 芋头中氟的含量较高，具有洁齿防龋、保护牙齿的作用。

小贴士

　　糕点做成茄子造型，极具田园风情。

像生茄子粿

主料： 芋头500克，糖100克。

辅料： 牛油、澄面、香芋色素各适量。

蛋挞

主料: 低筋面粉 145 克,高筋面粉 15 克。

辅料: 黄油、植物黄油、清水、牛奶、蛋黄、炼乳、糖各适量。

【营养功效】 蛋黄中有大量的磷,还有不少的铁。

小贴士

传统广式蛋挞亦称拿酥蛋挞,即"挞"是拿酥皮的。近年来,为迎合消费者口味,也逐渐改成酥皮的了。

制作方法

1.将10克低粉、糖、牛奶、炼乳全部倒入锅内调成奶浆,再用小火将糖加热至完全溶化,倒入蛋黄,搅散调匀,制成挞水。

2.植物黄油切片,排放于保鲜袋内,擀成厚约0.5厘米的长方形薄片。

3.将135克低筋粉、15克高筋粉连同黄油、清水一起和成面团,包上保鲜膜醒发30分钟,再将面团擀成长度约为植物黄油3倍,宽度相等的面皮,将植物黄油完全包入面皮之中,擀为长方形,两端分别向中间对折至完全重叠,裹上保鲜膜冷藏松弛20分钟,取出后再次擀平对折,冷藏醒发,重复这个步骤2次,最后将面皮擀平卷起,切为12等份,再分别擀成比模具口稍大的面皮。

4.将面皮放入蛋挞模具,轻压使之贴边,再倒入挞水至8分满,烤箱预热220℃,将蛋挞模具放入中层烤约20分钟即可。

金黄南瓜饼

制作方法

1. 南瓜洗净去皮，切片煮熟，捣为南瓜泥，加糖拌匀。

2. 按照 1:1 的比例，将糯米粉慢慢加入南瓜泥中。如果太干可适量加入清水。

3. 揉匀南瓜面团，直至不再沾手。然后将面团分为若干小块，揉圆拍扁。

4. 锅内倒入食用油烧热，以中小火将南瓜饼煎至两面金黄即可。

【营养功效】 南瓜含有的甘露醇可通便排便，减少粪便危害，防止结肠癌的发生。

小贴士

煎南瓜饼时千万不要用大火。

主料： 水磨糯米粉、南瓜各 300 克，糖 100 克。

辅料： 食用油适量。

南乳芝麻酥

制作方法

1. 肥肉洗净剁粒，鸡蛋打散，搅成蛋液待用。

2. 揉好酥皮，将其擀成面皮，将南乳放在面皮中央，均匀铺抹，撒上肥肉粒、黑芝麻、蒜蓉，再将面皮卷成圆筒状，表面扫上蛋液。

3. 烤炉预热至 230℃，放入芝麻酥烤约 10 分钟，再用 150℃烤 15 分钟，至饼面金黄色即可取出。

4. 切段食用即可。

【营养功效】 南乳富含 B 族维生素，具有增强细胞功能、预防老年痴呆的作用。

小贴士

黑芝麻虽然是辅料，但必不可少。

主料： 南乳 1 块，酥皮 300 克，肥肉 100 克。

辅料： 鸡蛋、黑芝麻、蒜各适量。

香甜玉米饼

主料： 新鲜玉米 5 个，面粉适量。

辅料： 鸡蛋、糖、食用油各适量。

 制作方法

1. 玉米洗净剥粒，加清水、糖，放入搅拌机搅成玉米糊。

2. 将面粉倒入玉米糊中拌至黏稠，再打入鸡蛋拌匀。

3. 锅中倒油烧热，舀入适量玉米糊，煎至金黄发硬即可。

【营养功效】玉米中含有较多纤维素，能促进肠胃蠕动，缩短食物残渣在肠内的停留时间。

小贴士

玉米糊入锅时，尽量团成圆饼状。

凤凰煎窝饼

主料： 春卷皮 20 张，白莲蓉 100 克。

辅料： 咸蛋黄 50 克，面粉 10 克，食用油适量。

制作方法

1. 把白莲蓉和咸蛋黄拌匀成馅料；面粉和适量水和匀成粉浆。

2. 用春卷皮包入馅料，卷起，用粉浆封口。

3. 放入不粘锅中煎至金黄色即成。

【营养功效】莲蓉含生物碱，具有显著的强心作用，莲芯碱则有较强抗钙、抗心律不齐的作用。

小贴士

食用莲子前，要把心去干净，以免发苦，影响口感。

芋丝煎饼

制作方法 ○•

1. 芋头去皮洗净，切成细丝，腊肠切粒，胡萝卜洗净切丝。

2. 锅中倒油烧热，加入芋头丝、胡萝卜丝、香菜、葱花、腊肠、淀粉、盐以小火煎制，期间不断翻滚压平，至表面金黄后捞出。

3. 食用时切块即可。

【营养功效】 芋头为碱性食品，能中和体内积存的酸蛋白，可提高机体的抵抗力。

小贴士

　　生芋头黏液易引起局部皮肤过敏，可用姜片涂抹，即可缓解。

主料: 芋头 2 个。

辅料: 腊肠、香菜、葱、盐、胡萝卜、淀粉各适量。

香菇滑鸡包

制作方法 ○•

1. 鸡肉、甘笋分别洗净切粒，香菇洗净浸发，切粒待用。

2. 将鸡肉、香菇、甘笋连同辅料一起拌匀，制成肉馅。

3. 揉好面团，分成若干剂子，分别擀成饼状，将肉馅包入其中，封口后置 1 小时。

4. 锅中倒入适量清水，架上蒸笼，放入包子以大火蒸 15 分钟即可。

【营养功效】鸡肉具有提高神经传导机能、促进婴幼儿脑组织发育等作用。

小贴士

　　有兴趣者还可以仿照插图捏成小鸡形状。

主料: 面团 1 块, 鸡肉、香菇、甘笋、淀粉各适量。

辅料: 糖、盐、味精、胡椒粉、料酒、姜汁各适量。

香菇鸡肉饺

主料： 面粉 200 克，鸡肉、香菇各适量。

辅料： 鸡蛋、盐、糖、味精、姜、淀粉、料酒、香油各适量。

制作方法

1. 鸡肉洗净切末，香菇洗净浸发，切粒待用。

2. 将鸡肉、香菇、淀粉、料酒、香油、姜末、盐、糖一起拌好，再分次拌入少量清水，直至肉末黏稠上劲，再打入鸡蛋充分搅匀，制成肉馅。

3. 面粉加水、盐和成面团，盖上湿布醒 30 分钟，醒好后揉团分剂，分别压成饺子皮，包入适量肉馅，捏成饺子。

4. 锅内烧沸足量清水，放入饺子，煮熟即成。

【营养功效】 香菇所含麦甾醇可转化为维生素 D，增强人体抗病能力的作用。

小贴士

　　香菇为动风食物，脾胃寒湿气滞，皮肤瘙痒病患者忌食。

四川辣子水饺

主料： 猪肉、玉米各 500 克，豆薯、面团、芹菜各适量。

辅料： 盐、味精、糖、淀粉、香油、姜汁、四川火锅汤底各适量。

制作方法

1. 芹菜洗净，用搅拌器打成芹菜汁，玉米洗净剥粒，豆薯去皮切粒。

2. 猪肉洗净剁末，用盐打至起胶，加入沙葛粒、玉米粒、盐、味精、糖、淀粉拌匀，滴入香油、姜汁，冷藏 30 分钟待用。

3. 面团加芹菜汁揉好，分为若干剂子，分别擀成面皮，包入冷藏好的馅料，捏成元宝状。

4. 锅中倒入四川火锅汤底烧沸，加入饺子，煮熟即可。

【营养功效】 芹菜具有降压降脂、强骨镇静的作用。

小贴士

　　选购芹菜时，应以色泽鲜绿、叶柄厚实、内侧微凹、茎部呈圆形者为佳。

小鱼贴饼子

主料：玉米面、白面、黄豆面、黄花鱼、豆瓣酱各适量。

辅料：葱、姜、花椒、食用油、大料、酵母粉、淀粉各适量。

【营养功效】 黄花鱼中硒元素可清除人体代谢产生的自由基。

小贴士

烹饪黄花鱼时，揭去头皮，即可除去异味。

制作方法

1. 将玉米面、白面、黄豆面调匀，酵母粉放入温水调匀，水量约为面粉的一半，豆瓣酱用温水调匀待用。

2. 将酵母水缓缓倒入面粉中，揉成面团，发酵2小时，分数个剂子，压成扁圆。

3. 黄花鱼洗净，沥干，均匀粘上一层淀粉，下锅以中火煎至金黄。

4. 取锅，放入葱、姜、花椒、大料及黄花鱼，倒入豆瓣酱，再在锅边贴上面团，大火煮沸，转中火煮20～30分钟即可。

绿豆蓉菊花饼

主料： 面粉 500 克，猪油 250 克，绿豆 100 克。

辅料： 水皮面团、油心面团、鸡蛋、糖各适量。

制作方法 ○•

1. 绿豆洗净浸泡，上锅蒸熟，出锅捣烂，拌入糖、猪油制成绿豆蓉，鸡蛋打散，制成蛋液。

2. 水皮面团、油心面团分别揉好，水皮面团、油心面团分为数个剂子，将油心剂子包入水皮剂子中，擀成圆皮。

3. 将绿豆馅包入圆皮中，封口压成饼状，再在边缘朝饼心方向纵切 8 刀，做成花瓣状，将切口旋转 90 度压扁，涂上蛋液待用。

4. 烤箱预热至230℃，放入绿豆饼烤10分钟，再转 150℃烤 15 分钟即可。

【营养功效】 绿豆能降低小肠对胆固醇的吸收，起到较好的降脂作用。

小贴士

翻边时要特别注意，以免将皮翻烂。

腰果千层酥

主料： 鸡蛋 2 个，酥皮 300 克。

辅料： 糖粉、腰果各适量。

制作方法 ○•

1. 取 1 只鸡蛋打散，搅成蛋液待用，另外 1 只鸡蛋滤取蛋白，加入糖粉打硬。

2. 揉好酥皮，擀成 15 厘米宽、25 厘米长的面皮，平均分为 3 份，在其中 1 块酥皮上涂抹蛋液，压实后叠第 2 块，同样扫上蛋液，再叠第 3 块，最后将叠好的酥皮切为 4 等份。

3. 烤箱预热至230℃，放入酥皮烤10分钟，再用150℃烤15分钟，待饼面呈金黄色取出，将蛋白液抹在酥皮上，撒上腰果，再把酥皮放入烤箱烤 3 分钟即可。

【营养功效】 腰果中含丰富的营养，易于人体吸收。

小贴士

腰果含有多种过敏原，过敏体质者慎食。

制作方法 ○•

1. 猪肉按肥瘦3:7匹配，洗净搅碎，搅肉过程中加入姜末、清水、香油、味精、葱等拌匀，并添加酱油，调节咸淡，搅好后冷藏待用。

2. 面粉加水、碱面和成面团，静置醒发1小时，分成每个20克的小面团，分别擀圆皮。

3. 每块圆皮放入适量馅料，沿边折褶18条左右，将口收拢。

4. 放上蒸屉蒸10分钟即成。

【营养功效】常吃能滋养脏腑，滑润肌肤，补中益气。

小贴士

"狗不理"包子始创于公元1858年清朝咸丰年间。

狗不理包子

主料：面粉750克，猪肉500克，姜、酱油、葱、香油各适量。

辅料：味精、碱面各适量。

制作方法 ○•

1. 香葱洗净切粒，白萝卜、胡萝卜分别洗净，去皮切丝，放盐腌渍10分钟，沥干待用。

2. 糯米粉、澄面，加水、鲜奶调成稀糊状，再加入萝卜丝、虾米、葱粒、盐、味精调味。

3. 锅倒食用油烧热，舀适量面糊慢慢煎熟，直至两面呈金黄出锅，切块食用即可。

【营养功效】白萝卜中的淀粉酶具有较强抗氧化性和解毒功能，可用于骨质疏松、食积不消等症。

小贴士

萝卜又称"小人参"，营养极为丰富。

萝卜丝饼

主料：白萝卜、胡萝卜、糯米粉各100克，澄面、鲜奶、虾米适量。

辅料：葱、盐、味精、食用油各适量。

火腿酥油饼

主料： 面粉 500 克，食用油 125 毫升。

辅料： 青梅末、糖桂花、玫瑰花、糖、葱、火腿各适量。

制作方法

1. 将食用油拌入面粉中，揉成油酥面团，沸水倒入面粉中，揉成雪花粉，摊凉后加入适量冷水和食用油，揉成水油面团，火腿切粒待用。

2. 油酥面团和水油面团分别做成10个剂子，将水油剂子逐个裹入油酥剂子中，按平擀薄，卷成筒状，擀为长片。

3. 卷起长片，竖立压扁，撒上葱末、火腿粒。

4. 油烧至6成热，加入饼坯，炸至饼底起焦，捞出沥油，食用时撒上糖、青梅末、糖桂花、玫瑰花碎瓣即可。

【营养功效】 常食青梅，可增加活力，改善肠胃，保护肝脏，延缓衰老。

小贴士

酥油饼是杭州传统名点，旧时常在吴山风景区供应。

红薯酥饼

主料： 黄心红薯 100 克，松酥皮 250 克。

辅料： 紫薯适量。

制作方法

1. 将黄心红薯、紫薯分别蒸熟去皮，压为薯蓉。

2. 将松酥皮拌入黄心红薯蓉，揉成面团。

3. 将红薯面团捏为若干剂子，分别搓圆擀平，包入紫薯蓉，捏成饼状，用紫薯蓉在每块红薯饼上做装饰。

4. 烤箱预热230℃，加入红薯饼烤 15 分钟，再转 150℃烤 10 分钟即可。

【营养功效】 紫薯富含的花青素是最直接、最有效、最安全的自由基清除剂。

小贴士

食用薯类时，可搭配其他含脂肪、蛋白质较丰富的食物，以促进淀粉消化。

制作方法

1. 取碗，放面粉、泡打粉、糖、鸡蛋液、清水，用打蛋器搅拌均匀，再掺面粉，再搅拌，制成面糊。

2. 面糊加入玉米、西米轻轻拌匀。

3. 模具刷油，调适当面糊入内，大火蒸10分钟即可。

【营养功效】西米有健脾、补肺、化痰的功效，适合女性常食，对面部、腿部浮肿有一定抑制功用。

小贴士

选用鲜嫩的玉米最好。

玉米西米饼

主料：玉米100克，鸡蛋液适量。

辅料：面粉、泡打粉、糖、清水、西米各适量。

制作方法

1. 五花肉、豆腐干切丁，放猪油炒熟，再放入葱末、姜末、酱油、盐、味精煸炒，加入水淀粉搅动，烧沸制成馅心。

2. 炒锅烧热，放入米粉和盐炒匀，至60℃时，加入适量清水拌匀，煮沸出锅，放凉待用。

3. 揉透粉团，做成若干面剂，分别揉圆压扁，包入馅心，制成生坯。

4. 倒入足量食用油，烧至7成热时加入饺子生坯，炸至呈金黄色时转中火再炸5分钟即可。

【营养功效】豆腐干富含蛋白质、脂肪、碳水化合物及钙、磷、铁等多种微量元素。

小贴士

过量食用豆腐制品会致碘缺乏病。

三河米饺

主料：米粉1500克，五花肉、豆腐干各适量。

辅料：水淀粉、酱油、盐、熟猪油、食用油、葱、姜、味精各适量。

银芽米饺

主料: 糯米 200 克, 大米 300 克。

辅料: 绿豆芽、猪肥瘦肉、盐、味精、胡椒粉、香油、食用油、料酒各适量。

制作方法

1. 糯米、大米混合加水, 泡 20 小时, 洗净, 加水碾成米浆, 装袋挤干, 揉匀成团, 入笼蒸熟, 揉匀制饺皮。

2. 绿豆芽掐头、根, 锅中微炒, 切小段, 猪肥瘦肉斩碎, 锅中熘熟, 放料酒、盐、食用油微上色, 起锅拌入银芽、味精、胡椒粉、香油成馅。

3. 面团搓条摘剂, 擀皮包馅, 捏成月牙饺, 蒸熟即可。

【营养功效】 健脾养胃, 止虚汗。

小贴士

老年人少食。

萝卜糕

主料: 黏米粉 300 克, 澄面 50 克, 白萝卜丝 350 克, 香菇丝 100 克。

辅料: 盐、红葱酥、料酒各适量。

制作方法

1. 将黏米粉、澄面、水调成米糊, 将白萝卜丝、香菇丝、料酒拌匀, 上笼蒸 8 分钟, 待用。

2. 炒香红葱酥, 加入白萝卜丝、香菇丝、盐同炒, 转小火, 倒入米糊, 炒至黏稠状, 起锅倒入模具中。

3. 模具上笼, 中火蒸 60 分钟即可。

【营养功效】 白萝卜具有下气消食、利尿润肺、解毒生津的作用。

小贴士

萝卜糕是广东地区的传统糕点, 口味上可以分为港式和广式两种。

灌汤小笼包

制作方法

1. 肉皮冻用绞肉机绞碎，五花肉洗净，绞成肉末。

2. 将五花肉末、盐、糖、味精、白酱油、芝麻油拌匀，加清水拌成糊状，加入肉皮冻搅匀，制成肉馅。

3. 面粉加清水揉成面团，搓成比硬币略粗的长条，均分为80个小面团，分别刷上食用油，再捏成中间略厚、边缘较薄的圆皮，包入肉馅，拢口待蒸。

4. 将小笼包放入蒸笼，蒸10分钟，待包子外形微涨、皮呈玉色、馅心发硬即可。

【营养功效】猪肉含有半胱氨酸，能改善缺铁性贫血。

小贴士

　　小笼包始创于清代同治年间，距今已有150年历史。

主料： 精面粉、五花肉各500克，肉皮冻150克。

辅料： 盐、糖、白酱油、食用油、味精、香油各适量。

酸豆角肉饺

制作方法

1. 沙葛去皮洗净，与酸豆角一起剁粒，猪肉洗净，剁为肉碎，加盐打至起胶待用。

2. 将肉碎、沙葛粒、酸豆角粒、糖、盐、味精、淀粉一起拌匀，再加入香油、姜汁拌好，冷藏30分钟待用。

3. 揉好面团，分为若干剂子，分别擀成饺子皮，将冷藏好的馅料包入其中，捏成饺子形。

4. 锅入食用油烧热，放入饺子以小火煎10分钟即可。

【营养功效】豆角有镇静安神、解渴健脾、补肾止泄、益气生津的功效。

小贴士

　　豆角一定要煮熟食用，以免造成腹痛、恶心、呕吐、腹泻等症。

主料： 猪肉、酸豆角各500克，沙葛150克。

辅料： 面团、盐、味精、糖、淀粉、香油、食用油、姜汁各适量。

乡村蚬肉饺

主料： 蚬肉、虾肉、马蹄、甘笋、澄面、炸蒜蓉各适量。

辅料： 盐、味精、糖、淀粉、香油各适量。

制作方法

1. 蚬肉洗净汆水，捞出待用，虾肉洗净，用盐搓至起胶，马蹄去皮洗净，切粒待用，甘笋洗净切粒。

2. 将蚬肉、虾肉、马蹄粒、甘笋粒、炸蒜蓉一起拌匀，再加入盐、味精、糖、淀粉、香油搅拌，冷藏30分钟待用。

3. 取澄面团，擀成圆形，包入冷藏好的馅料，捏成凤眼形。

4. 锅中注入适量清水，架上蒸笼，放入饺子蒸10分钟即可。

【营养功效】 蚬肉有开胃、明目、利小便、治脚气、祛湿毒及醒酒的功效。

小贴士

生食或进食没有煮熟的蚬，易患卷棘口吸虫病。

白菜水晶饺

主料： 虾肉500克，马蹄、胡萝卜、大白菜、澄面各适量。

辅料： 盐、味精、糖、淀粉、食用色素、香油各适量。

制作方法

1. 虾肉洗净，用盐搓至起胶，马蹄、胡萝卜分别去皮，洗净切粒，大白菜洗净切粒。

2. 将虾肉、马蹄、胡萝卜、大白菜、盐、味精、糖、淀粉、香油一起调匀，冷藏30分钟待用。

3. 取澄面团，加入适量食用色素拌匀，擀成圆片，包入馅料，捏成锦囊状。

4. 锅中注入清水，上蒸笼，放上饺子蒸10分钟即可。

【营养功效】 白菜营养丰富，其中维生素C的含量是苹果的5倍。

小贴士

白菜是我国原产蔬菜，先秦时称为"葑"或"菘"。

岭南光酥饼

制作方法

1. 将面粉、泡打粉拌匀过筛，另将适量清水加糖煮沸，倒入面粉、泡打粉搅成糊状，再倒入小苏打、臭粉拌至起泡，调成面团。

2. 将面团擀平，用圆筒盖出饼坯，表面撒上糖。

3. 烤箱预热 150~160℃，放入面饼烤熟即可。

【营养功效】光酥饼在制作过程中未添加任何油脂，因此非常营养健康。

小贴士

　　光酥饼乃岭南传统食品，风味独特，口感颇佳。

主料：面粉 500 克，糖 250 克，臭粉 20 克，泡打粉 15 克。

辅料：小苏打适量。

蝴蝶酥

制作方法

1. 将植物黄油包入保鲜袋内，敲打并擀成薄片。

2. 将其余材料搅拌成团，静置酵发，包入黄油，擀平对折，再次松弛，反复 3 次，撒上糖粉，从两端向中央折叠面皮，完全重叠前，两端涂上一层水，中心处压一道折痕，叠起冷藏 30 分钟。

3. 取出冷藏好的面皮，切成厚度约 1 厘米的薄片，表面刷上蛋液和糖，制成饼坯。

4. 烤箱预热 220℃，将饼坯放入上层烤18~22 分钟，待其表面金黄时，取出即可。

【营养功效】鸡蛋富含优质蛋白。100 克鸡蛋的蛋白质含量相当于 50 克鱼或瘦肉的蛋白质含量。

小贴士

　　在一般场合下，植物黄油可代替黄油使用。

主料：低筋面粉 200 克，黄油 30 克，植物黄油 130 克。

辅料：鸡蛋、盐、糖粉各适量。

咸蛋酥

主料：咸蛋黄若干，莲蓉 50 克，松酥皮 250 克。

辅料：鸡蛋、糖、油各适量。

制作方法

1. 鸡蛋打散，搅成蛋液待用。

2. 松酥皮加糖、油揉好，分为若干剂子，分别压扁，铺上莲蓉，放入咸蛋黄，封口后捏成半圆状，表面涂上蛋液，制成咸蛋酥坯子。

3. 烤箱预热 230℃，放入咸蛋酥烤 15 分钟，再转 150℃烤 10 分钟即可。

【营养功效】 咸蛋与鲜蛋相比，咸蛋的含钙量明显高于鲜蛋。

小贴士

面皮冷藏最多可以保存一周，冷冻则可以保存 1 个月。

椰香糯米糍

主料：糯米粉 130 克，澄面、椰子粉各 20 克，糖 100 克。

辅料：莲蓉、食用油、椰丝各适量。

制作方法

1. 将糯米粉、椰子粉、糖连同凉水一起揉成糯米面团。

2. 用开水烫熟澄面，加入糯米面团和匀，加入食用油揉成澄面团，分成若干等份，分别捏成碗状，包入适量莲蓉，揉成球状。

3. 糯米球上笼以大火蒸 10 分钟，取出后趁热粘上椰丝即可。

【营养功效】 椰肉制品具有补虚强壮、益气祛风、消疳杀虫的作用。

小贴士

糯米糍又叫"状元糍"。

制作方法

1. 叉烧切粒，加叉烧酱和蜂蜜拌匀制成叉烧馅。

2. 高筋面粉加入牛奶、糖、干酵母、盐、蛋液搅拌成面团，放入黄油，搅拌至能够拉膜，发酵至 2 ~ 3 倍大，取出排气，分成 12 等份，分别滚圆酵发，逐个压扁，包入叉烧馅，捏圆封口，再发酵 1 次，制成包坯。

3. 待包坯发酵至 2 倍大后，涂上蛋液，烤箱预热 180℃，将包子放入中层烤 18 分钟即可。

【营养功效】 蜂蜜是一种营养丰富的天然滋养食品，对老年人具有良好的保健作用。

小贴士

天气寒冷的地方，可在发酵时放一碗热水在面团下面。

蜜汁叉烧包

主料: 高筋面粉 200 克，叉烧、牛奶各适量。

辅料: 黄油、糖、叉烧酱、蜂蜜、干酵母、盐、蛋液各适量。

制作方法

1. 艾草洗净煮熟，用冷水浸泡 24 小时，沥干待用，花生浸泡去衣，搅成碎粒。

2. 艾草剁烂，加入糯米粉、黏米粉搅拌制成粉皮，将花生粒、白芝麻、糖一起拌匀制成馅料。

3. 将艾草粉皮分别捏成数个剂子，逐个包入花生馅料，捏成饼形，再放入模具中压制成饼坯。

4. 蒸笼中垫入芭蕉叶，放上饼坯蒸熟即可。

【营养功效】 适量服用艾叶具有回阳、理气血、止血安胎的功效。

小贴士

制作艾草粉皮时应揉至"三光"，即面光、手光、盆光。

雷州田艾饼

主料: 艾草 100 克，糯米粉 150 克，花生 80 克。

辅料: 白芝麻、糖、黏米粉、芭蕉叶各适量。

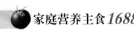

潮州韭菜饼

主料： 鸭掌、鸭皮、糯米粉团、猪肉各 100 克。

辅料： 虾米、潮州菜脯、韭菜、食用油、盐、淀粉各适量。

制作方法

1. 鸭掌去骨，与猪肉、鸭皮剁泥待用，虾米、韭菜、潮汕菜脯分别洗净切粒，淀粉加水调成水淀粉。

2. 锅中倒油烧热，加入肉泥、虾米、韭菜、菜脯爆炒出香，加入盐、水淀粉，打芡出锅，作馅。

3. 取适量糯米粉团，分别捏成若干剂子，包入韭菜肉馅，搓圆压扁，制成饼坯。

4. 锅中倒油烧热，放入饼坯以中火煎至两面呈金黄色，待其熟透出锅即可。

【营养功效】 韭菜具有健胃、提神、止汗固涩、补肾助阳、固精等功效。

小贴士

潮州菜脯即萝卜干，与潮州咸菜、鱼露并称"潮州三宝"。

芝麻煎堆

主料： 水磨汤圆粉 250 克，豆沙 100 克，泡打粉 10 克。

辅料： 糖、白芝麻、食用油适量。

制作方法

1. 将糖溶入水中制成糖水，加入食用油、水磨汤圆粉和泡打粉一起揉成面团。

2. 揉好的面团平均分成 10 份，分别按扁包入豆沙馅，搓成球状。

3. 将糯米球滚入芝麻堆中，使其粘满芝麻，制成煎堆坯子。

4. 锅中倒入足量食用油，烧至 5 成热时放入煎堆，转小火炸熟，出锅沥油即可。

【营养功效】 白芝麻能防止过氧化脂质对皮肤的危害，并能防止各种皮肤炎症。

小贴士

煎堆不太容易熟，炸的时候一定要用小火。

葱油花卷

制作方法 ○●

1. 中筋面粉连同清水、酵母粉、泡打粉一起揉成面团，待柔软滑润后置于温暖处发酵至2倍大小。

2. 将面团擀成薄片，刷上食用油，并撒入盐和葱末，卷起之后均匀切段。

3. 每两段一组摞叠起来，捏住两端拉长，再反向旋转捏合，制成花卷坯子。

4. 蒸前再醒30分钟，然后大火蒸10分钟即成。

【营养功效】 人体对食用油的吸收可达99%，能够很好地吸收其中的营养成分，起到一定的软化血管、延缓衰老之效果。

小贴士

本品含油较多，高血压患者不宜多食。

主料: 中筋面粉500克，葱末适量。

辅料: 食用油、盐、糖、泡打粉、酵母粉各适量。

制作方法 ○●

1. 五香豆干、胡萝卜、包心菜切丝拌匀，加酱油、淀粉拌匀并腌渍10分钟。

2. 猪肉洗净切丝，放入油锅炒熟盛出。

3. 原锅倒入豆干丝、包心菜丝、胡萝卜丝炒熟，再加入盐和猪肉丝炒匀，浇入水淀粉勾薄芡即为春卷馅。

4. 春卷皮摊平，卷入适量春卷馅，用鸡蛋清封口，下油锅炸至金黄色，出锅沥油即可。

【营养功效】 猪肉是人体糖代谢的必需物质，能改善精神状况，消除疲劳。

小贴士

炸春卷的油一定要干净，这样炸出来的春卷才卫生。

炸春卷

主料: 春卷皮12张，五香豆干、猪肉、包心菜各100克。

辅料: 胡萝卜、食用油、酱油、盐、鸡蛋清、淀粉各适量。

潮州鱼皮饺

主料： 鲇鱼300克，虾米、肥瘦肉、韭黄各适量。

辅料： 淀粉、盐、味精、姜、香油、酱油、生菜、高汤、料酒各适量。

制作方法

1. 虾米洗净浸泡，切粒，韭黄洗净切末，肥瘦肉洗净剁泥，鲇鱼取净肉，剁成细泥，生菜氽熟待用。

2. 将虾米、韭黄连同肥瘦肉拌匀，加香油、姜末、盐、酱油、料酒调制成馅。

3. 将淀粉和鱼泥拌匀，揪成20个剂子，分别擀成饺子皮，将肉馅包入，封口捏成鸡冠形，入锅煮熟，装碗待用。

4. 煮沸适量高汤，加盐、味精调味，倒入装有鱼皮饺的碗中，铺上生菜即可。

【营养功效】 鲇鱼独特的强精壮骨和益寿作用是它在食疗功用上的一大亮点。

小贴士

鲇鱼药食俱佳，以炖煮最宜；仲春和仲夏之间为最佳食用季节。

莲蓉包

主料： 面粉1000克，酵面头150克，糖100克。

辅料： 食用碱、发酵粉、熟猪油、莲蓉馅料各适量。

制作方法

1. 将500克面粉、酵面头、清水、碱水、发酵粉、糖揉成面团，静醒数次，制成清水面团，另将500克面粉、熟猪油揉成酥心面团。

2. 将清水面团包入酥心面团中，擀匀摘剂，分别包入莲蓉馅料，制成包坯。

3. 包坯上笼，用大火蒸熟即可。

【营养功效】 莲子富含淀粉、生物碱、脂肪及多种维生素和微量元素。

小贴士

使用食用碱时应注意用量、方法和时间，以防食物过发甚至变质。

制作方法

1. 将澄面烫熟，加入猪油、糖和匀，再加入糯米粉、清水拌匀制成糯米皮。

2. 将糯米皮搓成长条形，分成每个约 30 克的剂子，将豆沙馅包入其中，捏成椭圆形。

3. 锅中倒入足量食用油热至 150℃，加入豆沙角炸至金黄色即可。

【营养功效】 红豆有促进人体发育、增强免疫功能、提高中枢神经组织功能等作用。

小贴士

豆沙角是广东人逢年过节的必备点心，食用时最好趁热。

豆沙软角

主料: 糯米粉 500 克，澄面 150 克，豆沙馅 100 克，猪油 150 毫升，糖 100 克。

辅料: 食用油适量。

制作方法

1. 将马蹄粉、清水调成生浆，将糖、蜂蜜、清水调成糖水。

2. 煮沸糖水，加入生浆调匀，制成生熟浆，加入马蹄丁调匀，倒入模具中。

3. 模具上笼，以大火蒸 20 分钟即可。

【营养功效】 马蹄中的马蹄英对金黄色葡萄球菌、大肠杆菌及绿脓杆菌均有一定的抑制作用。

小贴士

马蹄糕以质地细腻，晶莹剔透为最佳。

爽口马蹄糕

主料: 马蹄粉 250 克。

辅料: 马蹄丁、糖、蜂蜜各适量。

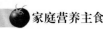

松子饼

主料： 松子仁 25 克，酥皮 250 克。

辅料： 莲蓉、鸡蛋各适量。

制作方法

1. 揉好酥皮，分为若干剂子，分别擀成面皮。

2. 将莲蓉包入面皮中，捏成半球状，刷上蛋液，再铺一层松子仁。

3. 烤箱预热230℃，放入松子饼烤 15 分钟，再转 150℃烤 10 分钟即可。

【营养功效】 常吃松子仁可强健身体、美容润肤。

小贴士

松子仁久置会产生"油哈喇"味，不宜食用。

甜甜圈

主料： 面团 500 克。

辅料： 白糖、食用油各适量。

制作方法

1. 揉好面团，擀成 15 厘米宽、30 厘米长的薄皮。

2. 用筒形工具在薄皮上压出圆形面皮，每块面皮中央再用瓶盖压洞，做成面圈，静醒 1.5 小时待炸。

3. 锅中倒入足量食用油，热至 150℃时放入面圈，炸至金黄取出。

4. 晾凉后撒上糖即可。

【营养功效】 适量食用糖有助于提高机体对钙的吸收。

小贴士

白糖是蔗糖的结晶体，既可直接食用又可作工业用糖。

黑椒芝麻酥

制作方法

1. 鸡蛋打散,搅成蛋液,鸡肉洗净,切粒待用。

2. 揉好酥皮,擀成15厘米宽、25厘米长的面皮。

3. 在酥皮表面抹上蛋液,放入鸡肉粒、黑胡椒、芝麻,卷成筒状,表面再涂一层蛋液。

4. 烤箱预热至230℃,放入酥条烤10分钟,转150℃烤15分钟即可。

【营养功效】鸡肉可用于治疗虚损羸瘦、脾胃虚弱、食少反胃等症。

小贴士

胡椒热性较大,食多容易上火。

主料: 酥皮300克,鸡肉100克,鸡蛋1个。

辅料: 芝麻、黑胡椒各适量。

豆蓉黄金盒

制作方法

1. 绿豆洗净,浸泡2小时,上锅蒸熟,捣蓉待用,鸡蛋打散,搅为蛋液。

2. 将米网皮裁成大小适中的圆形,均匀抹上蛋液,再在米网皮中心放上绿豆蓉,两两重叠制成坯子。

3. 锅中倒入足量食用油,加热至150℃,加入坯子炸至金黄色,捞出沥油,即可食用。

【营养功效】绿豆常吃能够降血脂、胆固醇,增强食欲、保肝护肾。

小贴士

每天坚持食用豆类食品,可增加免疫力,降低患病的概率。

主料: 绿豆150克,米网皮数张,鸡蛋1个。

辅料: 食用油适量。

图书在版编目（CIP）数据

家庭营养主食1688例 / 犀文图书编写. -- 杭州：
浙江科学技术出版社, 2012.5
ISBN 978-7-5341-4417-2

Ⅰ.①家… Ⅱ.①犀… Ⅲ.①主食—食谱 Ⅳ.
①TS972.13

中国版本图书馆CIP数据核字(2012)第026275号

书　　　名	家庭营养主食1688例	
编　　　写	犀文圖書	
出 版 发 行	浙江科学技术出版社	
	杭州市体育场路347号　邮政编码：310006	
	联系电话：0571-85170300-61702	
	E-mail:wq@zkpress.com	
排　　　版	广东犀文图书有限公司	
印　　　刷	广州汉鼎印务有限公司	
经　　　销	全国各地新华书店	
开　　　本	710×1000　1/16	印　张　16
字　　　数	200 000	
版　　　次	2012年5月第1版　2012年5月第1次印刷	
书　　　号	ISBN 978-7-5341-4417-2　定　价　22.80元	

责任编辑 宋　东　王　群　王巧玲　　**责任印务** 徐忠雷
责任校对 刘　丹　赵新宇　李骁睿　　**责任美编** 金　晖